나는 매일 속세로 출가한다

나는 매일 속세로 출가한다

초판 인쇄 ∣ 2024년 10월 15일
초판 발행 ∣ 2024년 10월 21일

지은이 ∣ 채형복
펴낸이 ∣ 신중현
펴낸곳 ∣ 도서출판 학이사

　　　　출판등록 : 제25100-2005-28호
　　　　주소 : 대구광역시 달서구 문화회관11안길 22-1(장동)
　　　　전화 : (053) 554~3431, 3432
　　　　팩스 : (053) 554~3433
　　　　홈페이지 : http://www.학이사.kr
　　　　전자우편 : hes3431@naver.com

ISBN _ 979-11-5854-529-1　03810

법학자·시인 채형복 교수의 자성록自省錄

나는 매일 속세로 출가한다

채형복 지음

學而思|학이사

쉰의 나이, 나를 탐구하다

『논어』「위정」편에서 공자가 말한다. "五十而知天命오십이지천명." 나이 쉰에는 하늘이 자신에게 부여한 사명이 무엇인지 깨달아 알게 되었다는 말이다. 공자처럼 거창하지는 않지만 세속의 나이 쉰에서 몇 해가 지난 어느 날 문득 나 자신에 대해 궁금해졌다.

지난 세월 동안 나는 어떤 생각으로 살아왔으며, 앞으로 남은 삶은 어떻게 살아갈 것인가? '채형복'이란 개인으로서 나는 어떤 사람이고, 어떤 정체성을 가지고 있는가? 한마디로 나 자신에 대해 알고 싶었다.

법학자·시인으로 살아오면서 많은 글을 썼다. 나의 학문적 견해를 드러내는 전문분야의 책이나 논문은 무미건조하고 딱딱하다. 여러 권의 시집을 내고 에세이도 썼다. 논문에 비하여 부드럽지만 이 장르는 문학적 수사나 기교를 사용하여 쓴 글이라 나의 정체성을 구체적으로 드러낼 수 없다. 이런 한계에서 벗어나 마흔 개의 주제를 정하고 보다 직접적으로 나 자신을 탐구하고 싶었다.

이 글은 개인의 인생여정이나 신변 이야기를 적은 회고록이나 자서전이 아니다. 그보다는 나 자신의 내면을 좀 더 철학적·사변적으로 탐구한 자성록自省錄이다. 인위적으로 무엇을 더하거나 빼지 않고 진솔한 나의 모습을 그리고자 하였다.

누구에게나 삶은 매 순간 목숨 걸어야 하는 전투와 같다. 만일 살고 있는 현실이 꿈속에서 그리는 이상향이라면 우리는 행복할까? 서로 죽고 죽이는 전쟁과 치열하게 다투고 싸우는 경쟁이 없다면 우리는 평화로울까? 이 세상에는 아프고 굶주리고 고통받고 있는 수많은 이웃이 있다. 현실이 이러한데도 평온한 일상을 살아가면서 글을 쓸 수 있으니 나는 세상에게서 과분한 혜택을 받고 있는 셈이다.

초고를 쓴 지 여러 해가 지났다. 원고를 묵히고 출간을 주저한 이유는 여러 가지다. 하지만 무엇보다 고통으로 아우성치는 세상의 아픔을 외면한 채 시답잖은 사적 이야기나 하는 것 같은 자괴감이 들었기 때문이다. 그 부끄럼을 떨치고 책을 내기로 용기를 낸다. 반듯한 이성과 논리로 치장된 학자의 모습에서 벗어나 개인으로서 나의 속살을 드러내고 싶었다. 오히려 그것이 대중과 소통하고, 또 나를 알고 있는 지인들에게 친근감을 주리라는 믿음도 한몫했다.

한 주에도 몇 차례 부고를 받는다. 머잖아 나도 이승을 떠나 저승으로 갈 것이다. 이제 현생에서 살 수 있는 물리적 시간이 얼마 남지 않았다. 죽기 전까지 삶은 계속될 것이고, 매일 매순간 나는 새롭게 태어나고 죽을 것이다. 살아 숨 쉬는 마지막 순간까지 나를 사랑하며 죽어야지.

2024년 가을
팔공산 우거 소선재素線齋에서 채형복

■ 차례

제1화

나는 촌놈이다

나는 1963년 8월 18일(음력 6월 29일) 늦여름 해거름에 태어났다. 시계도 없던 시절이니 태어난 정확한 시간은 모른다. 산고를 겪은 어머니가 나를 낳고 바깥을 보니 어둑어둑했다고 한다. 아마 서산 너머 여름해가 떨어져 석양이 짙어가는 오후 여덟시에서 아홉시쯤이었을 것이다.

막내인 나를 낳고 어머니는 적잖이 속앓이를 해야 했다. 만 다섯 살이 될 때까지 걷고 말하지 못했기 때문이다. 워낙 어릴 때의 일이라 나는 그에 대한 기억이 없다. 어머니는 막내가 걷지 못하는 것을 당신 탓이라 여겼다. 모진 시집살이와 생활고에 지친 탓일까? 어머니는 독초를 먹고 배 속의 나를 지우려 했다. 다 커서 그 이야기를 전해 들었지만 그런 어머니를 한 번도 원망한 적이 없다. 오히려 이 땅에서 여성으로 태어나 굴곡진 삶을 살아야 했던 어머니가 불쌍했고 그 처지를 이해하고 포용하였다. 그런 연유일까? 나는 어릴 때부터 몸과 영혼에 대해 철학적으로 사유하고 자연과 삶의 이법을 진지하게 탐구하였다. 잃는 게 있으면 얻는 게 있다. 세상의 법칙이려니 여겼다. 하지만 어머니는 평생 막내아들이 강건하지 못한 게 마치 당신의 책임인 양 여겼고 세상을 떠나는 마지막 순간까지 죄스러워하셨다.

엉덩이로 철퍼덕철퍼덕 움직이면

돌아가신 큰아버지가 그러셨단다.

"저거, 우야노. 쟈 저거 병신 될 낀데…"

천지신명의 가피원력 덕분인지

자연적으로 치유가 된 덕분인지

다행히 걷기도 하고 말도 하더란다.

그러다 두어 해가 지난 때

뛰어놀던 나는 갑자기 쓰러졌고

놀란 우리 어머니 큰아들을 불렀단다.

"천득아, 복이 우짜노."

마침 집에 있던 큰형이 응급처치로

머리를 땅으로 향하게 하고

두 다리를 잡고 흔들었단다.

그래서 이 모진 목숨 또다시 살아날 수 있었다.

그렇게 살아났지만

다리가 약한 나는

조그만 돌부리에 걸려도 툭하면 넘어지곤 했다.

내 무릎의 숱한 상처는 지금도 훈장처럼 남아 있다.

– 졸시 「어머니에 대한 추억 1」 부분

우리 식구는 아홉 명으로 대가족이었다. 할아버지는 내가 어머니 배 속에 있을 때 돌아가셨다. 할머니와 부모님, 그리고 위로 네 명의 형과 두 명의 누나가 있었다. 칠 남매인 셈인데, 둘째 형이 천연두로 어린 나이에 세상을 떠나 육 남매의 막내로 자랐다. 의술이 발달하지 못한 당시 병으로 어린 자식을 떠나보내는 일이 허다하였다. 어머니도 "내가 낳은 자식이지만 어찌 저리 잘생겼나 싶었어."라며 둘째 아들의 죽음을 못내 아쉬워하였다.

내 고향은 대구시내에서 한참 떨어진 성서城西의 망정동望亭洞이다. 조그만 야산 아래 120여 호로 이뤄진 시골마을로 본동(안마을), 안말래이, 간늠, 이렇게 세 곳으로 나뉘어 있었다. 나는 안말래이에 살았다. 본동은 주로 토박이들인 전주 이씨와 김해 허씨가 살았고, 안말래이는 외지인들이, 간늠은 토박이와 외지인이 섞여 살았다. 이런 형편이니 토박이들의 외지인들에 대한 괄시가 적지 않았다.

아버지는 열여섯 살 되던 해 집안 먼 친척 아저씨의 양자로 갔다. 그 아저씨가 호적상 할아버지다. 할아버지는 내가 어머니의 태중에 있을 때 돌아가셨기에 뵙지 못했다. 할아버지는 힘이 세고 일을 열심히 하는 농사꾼이었다. 전혀 배움이 없고 찢어지게 가난하여 평생 남의 농사일만 하였다. 할머니도 전국을 다니며 온갖 궂은 일과 행상을 하며 가계를 꾸렸다.

아버지에게는 형이 한 분 있었는데, 내게는 큰아버지다. 원래 큰아버지가 양자로 가야 했다. 큰아들을 보내기 싫은 큰할머니(본가의 할머니를 큰할머니, 양가의 할머니를 할머니라고 불렀다)가 둘째 아들인 아버지를 양자로 보냈다. 가난한 집에 시집와서 혹독한 시집살이를 한 어머니는 이 사실을 두고두고 원망하였다. 부모님의 뜻에 따라 양자로 온 아버지의 나이 겨우 열여섯. 그때부터 아버지의 버거운 삶이 시작되었다.

아버지는 가족에 대한 책임감이 무척 강한 분이었다. 부모로부터 물려받은 재산 한 푼 없이 어린 나이부터 가족의 생계를 꾸려온 척박한 환경에서 자연스레 형성된 것이다. 아버지는 성격은 급한 반면 매사에 적극적이고 구변이 좋았다. 머리도 명석하여 혼자 한글과 한자를 깨쳤다. 내 연구실에는 한글과 일본어로 훈독과 음독이 표기된 빛바랜 옥편이 한 권 보관되어 있다. 젊은 시절 아버지께서 땔감으로 쓰일 나무 등짐을 팔아 힘들게 구입한 것이다. 책장은 떨어져 나가고 속지까지 너덜너덜해질 정도로 아버지는 농사일을 하는 틈틈이 그 옥편을 스승 삼아 독학했다. 자식에 대한 교육열이 남달랐던 것도 당신이 배우지 못한 한恨 때문이었다.

그래도 어찌 보면 아버지는 운이 좋은 분이다. 일제 말 일본군에 징집되어 태평양전선에 투입되기 바로 직전 8.15광복으로 무사히 고향으로 돌아왔다. 5년 후 6.25전쟁 때는 한국군에 징집되었으나 이번에는 다행히 미군부대에 배속되어 전장에 투입되지 않아 목숨을 구할수 있었다. 한 치 앞도 가늠할 수 없던 격동의 시대를 거쳐 힘든 삶을 살아온 아버지는 여든아홉 살에 돌아가셨으니 천수를 누린 셈이다.

어머니는 산 너머 이웃마을 갈산동의 김해 허許씨 집안 2남 3녀의 맏딸이었다. 어머니는 일본군 위안부나 정신대로 끌려갈까 두려워 열일곱 살 되던 때 다섯 살 연상의 아버지와 혼인했다. 서로 이름과 얼굴도 몰랐다. 외할아버지와 외할머니는 어머니가 어릴 때 돌아가셨다. 어머니가 어린 여동생 두 명과 남동생 한 명을 돌봤다. 오빠인 큰

외삼촌은 술과 노름에 빠져 부모님이 남긴 가산을 모두 탕진하고 동생들을 돌보지 않았다. 이런 상황이니 어머니는 시집올 때 남동생과 막내 여동생을 데리고 와야만 했다. 신혼 첫날밤에도 큰언니와 떨어지기 싫다며 보채는 막내 이모를 데리고 잤다. 먹고살기 힘든 시절, 모진 시집살이를 묵묵히 참고 견뎌야 했던 어머니의 고충을 어찌 필설로 형용할 수 있을까.

어머니는 아버지와 달리 조용하고 낯가림이 심한 성격이었다. 당신의 주장을 내세우기보다 남의 말을 듣는 편이었고, 평생 남에게 싫은 소리 한번 하지 않았다. 어려운 살림에도 구걸하는 사람이 찾아오면 그냥 돌려보내는 법이 없었다. 밥을 먹을 때면 식구와 같이 먹고 밥이 없으면 보리쌀 한 됫박이라도 주어 보냈다. 그런 성격 덕분인지 말수가 적은 편인데도 주변에는 사람들이 많았다.

또한 어머니는 자식을 아끼는 마음이 지극하였다. 어떤 경우라도 자식을 꾸중하거나 질책하는 법이 없었다. 어머니에게 자식이란 무한한 사랑과 보호의 대상이었다. 막내인 나는 초등학교에 들어가기 전까지 어머니의 젖가슴을 만지며 잠들곤 했다. 대학교 들어가기 전까지 아버지는 너무 무서워 가까이 다가가지 못했다. 내가 힘들고 괴로울 때면 어머니는 늘 내 곁에 있었고, 언제나 내 편이었다. 아버지가 돌아가시고 한 해 뒤 여든다섯 되던 해 겨울, 어머니도 남편을 따라 세상을 떠났다.

내 고향 망정은 삼태기처럼 생긴 마을이다. 뒤에는 야트막한 산이 둘렀으며, 앞에는 너른 들판이 펼쳐져 있었다. 그 들판을 가로질러 월배와 화원이 맞닿아 있었다. 수리시설이 제대로 갖춰져 있지 않던 당시 장마철이면 금호강 하류의 범람으로 거의 매년 홍수가 났다. 몇 날 며칠이고 들판에는 온통 누런 황톳물이 일렁였다. 철부지들은 뗏목을 타고 다니며 수박과 참외 등 과일도 건져 먹고 닭과 돼지도 잡아 올리며 희희낙락했다. 아이들과 달리 어른들은 산등성이에 올라 근심 어린 눈으로 물에 잠긴 들판을 바라보았다. 칠흑같이 어두운 밤, 물에 잠긴 들판을 바라보며 "아버지는 왜 이런 곳을 떠나지 못하실까?" 원망하였다. 이제는 그 고향마저 성서공단의 매캐한 연기 속으로 사라지고 없다. 내가 군 복무하던 1985년의 일이다.

이 비 내려

어디로 갈까

하늘로 갈까

땅으로 갈까

님의 마음 적셔

눈물로 흐를까

앞산에 걸린 비구름

장대비로 주룩주룩 내려

내 고향 망정望亭 뜰은 황톳물로 바다를 이루던

참외, 수박, 돼지까지 건져 올리던

어릴 때의 기억 속으로 흐를까

이 비 내려

하늘만 적셨으면

고향 집 초가지붕의 이엉은

갈 필요가 없었을까

이 비 내려

마음만 적셨으면

고향집 흙담장은 무너지지 않았을까

비는 땅으로 흐르고

일렁이는 황톳물로 흐르고

구멍 난 지붕을 바라보는

아비, 어미의 눈물로 흐르고

- 졸시, 「비」 전문

비록 고향은 사라지고 없지만 나는 늘 촌놈이다. 고향을 떠난 뒤 삼십 년 이상 도시에서 생활하고 프랑스 유학까지 하고 왔다. 그래도 나의 사고와 행동을 지배하는 정서는 촌놈이다. 나는 촌놈이어서 좋다. 겨울 내내 누런 콧물 흘리던 어린 시절의 거칠고 불편한 과거로 돌아갈 수는 없다. 또한 어린 촌놈의 나와 지금의 나는 같을 수도 없다. 그러나 시골 고향마을에서 형성된 촌놈 정서가 지금의 나의 사고와 가치관을 지배하고 있다. 그 촌놈이 벌써 쉰 살이 넘었다. 이제 살아온 시간을 되돌아보고 삶의 중간 결산을 할 때가 되었다. 그 촌놈의 이야기를 풀어놓고자 한다.

제2화

부모는 언제나 자식 편이어야 한다

아버지는 무척 엄한 분이셨다. 대학교에 들어가기 전까지 감히 눈을 바라보지 못할 정도로 아버지를 무서워했다. 어쩌다 둘이 함께 밥을 먹거나 텔레비전을 볼 때면 어색하기 짝이 없었다. 그런 어색함은 나만 그런 게 아니라 아버지도 마찬가지였다. 아버지는 왜 그리 무서웠을까? 내게 아버지는 어떤 존재였을까?

자식, 특히 아들에게 아버지는 훌륭한 롤 모델이다. 아버지와 아들은 남성이라는 생물학적 정체성을 공유하고 있다. 부자지간에는 여성인 딸은 도저히 이해할 수 없는 강한 정신적 유대감이 형성되어 있다. 프로이트는 아버지와 아들의 미묘한 심리 관계를 오이디푸스 콤플렉스로 설명한다. 그러나 이 이론만으로는 아버지와 아들의 관계를 설명할 수 없다. 좋고 나쁜 의미를 떠나 아들은 아버지를 통해 배운다. 존경하면서도 배우고 미워하고 증오하면서도 배운다. 내가 고등학교 2학년 때의 일이다. 마냥 무섭고 두려운 아버지가 내게 멋진 사나이이자 영웅으로 다가온 사건이 있었다.

12.12쿠데타로 국가권력을 잡은 전두환 군사정부는 1980년 봄 계 엄령을 선포했다. 계엄군은 대구 시내 주요 시설과 기관에 상주하면서 행정업무를 장악했다. 모든 집회와 행사는 물론 간행물마저 계엄군에게 사전 신고와 검열을 받아야 했다. 고등학교에서 열리는 행사라 하여 예외가 없었다. 문예반장을 맡고 있던 나는 봄·가을시화전과 문학의 밤을 알리는 각종 홍보포스터를 게시하거나 시집을 발간하기에 앞서 계엄군이 주둔하던 경북도청이나 파출소에 가서 검열을 받았다. 학교 당국도 학생들의 모든 활동을 엄격하게 통제했다. 심지어 평소 자유롭게 사용하던 동아리실(문예부실)의 열쇠마저 지도교사가 관리했다. 이런 와중에 '일대 사건'이 일어났다.

　　어느 날 급하게 회의할 일이 있어 문예부실로 갔는데 문이 잠겨 있었다. 선생님에게 열쇠를 받아와야 했으나 다분히 반항적이었던 나는 발로 문을 뻥 차고 들어가 회의를 했다. 아니나 다를까, 회의를 마치고 교실로 돌아오니 학생주임의 호출이 있었다. 그 선생님은 국어과 교사이자 학교 대선배로 평소 존경하는 분이었다. 어차피 꾸중이야 피할 수 없었다. 폭력이 만연하던 시절이니 회초리로 엉덩이 몇 방 맞는 것쯤이야 각오하고 있었다. 예상대로 꾸중을 듣고 엉덩이 몇 방을 맞았다. 이것까지는 좋았다. 내가 잘못했으니 불만은 없었다. 문제는 그 뒤에 일어났다.

　　그때는 지금처럼 물자가 풍부한 시절이 아니었다. 신입생 때 아무리 교복을 크게 맞춰도 한 해가 지나면 교복은 하루가 다르게 성장하는 청소년기 사내아이의 몸집을 감당하지 못했다. 게다가 온종일 걸상에 앉아있으니 교복 하의의 엉덩이 부분은 쉽게 낡고 해졌다. 마음

대로 교복을 사줄 형편이 되지 않은 어머니는 그 부분에 다른 천을 대고 얼기설기 재봉틀로 박음질을 했다. 한창 예민하던 시기, 난들 그런 교복을 입고 다니는 게 왜 부끄럽지 않으랴. 어려운 가정형편을 훤히 아는 처지라 군말없이 그냥 입고 다녔다. 그런데 선생님이 내 자존심을 건드리는 훈계를 했다. 교복 하의의 해진 엉덩이 부분을 지시봉으로 툭툭 건드리며, "이 자식, 학생이 교복을 단정하게 입지 못하고⋯ 너 복장불량이야." 그 말에 그동안 쌓였던 울분이 일거에 폭발하고 말았다.

화를 참지 못한 나는 교무실을 나와서는 곧장 문예부실로 올라갔다. 그러고는 안으로 문을 걸어 잠근 채 긴 의자로 바리케이드를 쳤다. 그렇잖아도 심한 정신적 방황으로 몸과 마음이 만신창이가 되어 있었다. 나는 서럽게 엉엉 울다 책상에 엎드려 잠들어 버렸다. 쿨쿨 자고 있는 사이 학교에서는 난리가 났다. 선생님들과 동급생들은 나를 찾아 학교를 뒤졌다. 문예부실로 와서 문을 두드려도 기척이 없고, 아무리 열려고 해도 요지부동이었다. 사단이 난 것이다. 당시 문예부 지도교사는 소설을 쓰는 교련 선생님이셨다. 도저히 문을 열 수 없던 선생님은 교사校舎 옥상을 타고 문예부실로 들어왔다.

교무실로 끌려간 나는 문예부 지도 선생님에게 난생 처음 어안이 벙벙하도록 볼때기를 맞았다. 수십 차례까지는 횟수를 세었다. 어느 순간부터는 정신이 몽롱하여 더 이상 셀 수 없었다. 하기야 몇 방 더 맞고 덜 맞는 것 자체가 의미 없었다. 실컷 얻어맞고 교무실을 나오려는데 이번에는 담임 선생님이 다가왔다. 내 교모와 가방을 낚아채고는 "이놈의 자식, 당장 부모님 모시고 와!" 짧게 명령했다.

나는 교모도 쓰지 않고 가방도 들지 않은 채 고개를 푹 숙이고 터덜터덜 집으로 들어섰다. 그 모습을 본 아버지는 깜짝 놀라셨다. 들판에서 일하다 새참을 들고 있던 아버지는 맨발로 마당으로 내려오셨다. "선생님께서 아부지 모시고 학교에 오시랍니더." 모깃소리처럼 풀 죽은 아들의 말에 아버지는 자초지종은 들어보지도 않고 "가자!"라며 내 손을 이끌었다.

집에서 버스를 타는 대로까지는 걸어서 20~30분이 족히 걸리는 거리였다. 아버지는 앞서 걷고 나는 고개를 푹 숙이고 말없이 그 뒤를 따랐다. 아버지가 짧게 말씀하셨다. "야, 이놈아, 고개 들어. 그만한 일로 사내 자식이 기죽으면 쓰나." 아, 아버지의 그 말씀에 가슴이 뭉클하고 눈물이 핑 돌았다. 평소 무서워 말 한마디 섞지 못하던 아버지가 내 가슴에 휙 하니 멋진 사나이로 다가선 순간이었다.

담임 선생님은 나를 퇴학시키는 대신 대구 외곽에 있는 어느 후기 고등학교(2부 학교)로 전학을 주선하겠다고 제안했다. 그 제안에 맞서 아버지는 아들의 구명을 위해 혼신의 힘을 다했다. 아버지는 담임 선생님에게 매달리고 사정하였다. 아버지의 그런 모습에 담임 선생님의 굳은 마음도 조금씩 녹아내렸다. 아버지가 나를 질책하듯 명령했다. "야, 뭐 하노? 선생님께 술 한 잔 올리지 않고!" 다시 살아나는 순간이었다. 내가 퇴학당하지 않고 온전히 고등학교를 졸업할 수 있었던 것은 모두 아버지 덕분이다. 그때 아버지는 '나의 영웅'이었다.

내가 아들을 둔 어버이가 되어보니 알겠다. 아버지는 자식인 나에게 얼마나 상심하고 낙담하셨을까. 죄스럽기 그지없다. 중학교 때까지 모범생이었던 아들이 고등학교에 들어가서는 학교생활에 적응하지 못하고 정신적으로 방황하며 마냥 떠돌았으니 그 모습을 지켜보는 게 무척 힘드셨을 것이다. 하지만 아버지는 공부를 하라든지, 왜 부모 속을 썩이냐며 한 번도 질책하지 않았다. 내가 어떤 선택을 해도 반대 하지 않고 지지하고 동의해 주었다. 그 덕분에 나는 기성의 가치에 얽매이지 않고 자유롭게 상상하고 공상할 수 있었다. 또 내가 삶의 독립된 주체로서 나의 길을 선택하고 굳건히 걸어갈 힘을 키울 수 있었던 것은 모두 아버지 덕분이었다.

아버지는 어떤 마음으로 그토록 나를 전적으로 신뢰하고, 한없는 인내심으로 기다려 주었을까? 자존심 강하고 자유로운 사고를 가진 막내아들의 기질을 알아보았을까. 아니면 그저 부모 된 도리를 다했을 뿐일까. 나로서는 그 이유를 알 수 없다. 하지만 그 모든 것을 떠나 어릴 때부터 '아버지는 내 편'이라는 강한 믿음과 확신이 있었다. 돌아가시는 그 마지막 순간에도 아버지는 든든한 존재였다. 비록 겉으로 속내를 드러내지는 않았지만 우리는 부자유친이라는 강한 유대감으로 결속되어 있었다.

아버지의 그 마음은 내게로 전승되어 이제 손자에게로 이어지고 있다. 아들이 아무리 속을 썩이고 애를 먹여도 나는 어버이로서 아들의 편에 서려고 한다. 세상이 아무리 강퍅하고 힘들어도 부모만큼은 자식의 곁에 서있어야 하지 않겠는가. 자식에게 부모는 영원한 우군이자 내 편이어야 한다.

제3화

길가의 들꽃에게도 배우라

나는 어떤 지식인인가? 어떤 지식인이 되려 하는가?

스스로 묻고 답한다면, 자성自省의 지식인 혹은 성찰省察의 지식인이다. 어릴 적부터 내가 추구한 지식 혹은 철학적 사유의 핵심은 나-자아自我 또는 나의 내면 탐구였다. 내가 개인의 주체성을 강조하고 주체적 개인이 누리는 자유를 역설하는 것도 '나'에 대한 철학적 고민의 결과이다.

나는 언제부터, 또 어떤 계기로 주체로서 개인=나에 대해 관심을 갖게 되었을까? 아마 태어나 자란 환경과 관련이 있을 것이다.

4남 2녀의 막내인 나는 자연스레 형과 누나들의 장단점을 보며 자랐다. 또 닫힌 세계이면서 반대로 열린 세계이기도 했던 시골공동체도 나의 정체성 형성에 한몫했다. 마을에서 일어난 일은 순식간에 이웃들의 입을 통해 퍼져나갔고, 개인의 프라이버시나 비밀은 좀체 존중되지 않았다. 마을에서 일어나는 크고 작은 일은 조용한 시골공동체의 이야깃거리였다. 삶의 애환이 담긴 이웃의 이야기는 어린 시절 나의 가치관을 형성하는 훌륭한 텍스트이자 길잡이였다.

어릴 때부터 나는 정신적으로 성숙한 아이였다. 산과 들 거닐기를 좋아하고, 개와 고양이들을 능숙하게 다루고 데리고 놀았다. 또래들과 어울리면서도 어린아이답지 않게 하늘의 구름과 들판을 바라보며 사색에 잠기곤 했다. 아침햇살 아래 빛나는 강아지풀잎에 맺힌 이슬의 영롱함과 청량감을 온몸과 마음으로 느끼고 받아들였다. 누구도 나를 가르치지 않았지만 모두에게 배웠다. 자연은 훌륭한 스승이었다.

내 나이 열 살을 전후하여 두 가지 큰 깨달음이 있었다. 하나는, 죽음에 대한 성찰이고, 다른 하나는, '길가의 들꽃에게도 배우라'는 타산지석 혹은 역지사지에 대한 교훈이다.

초등학교 4학년 때의 일이다. 세 살 위의 형에게 꾸중을 듣고는 화가 나서 씩씩거리며 뒷동산으로 치달렸다. 산등성이에 앉아 망연히 아래를 바라보고 있는데 무거운 등짐을 진 방물장수가 힘겹게 걷고 있었다. 그 모습이 마치 시시포스 같았다. 불현듯 영문 모를 설움과 함께 삶에 대한 허무가 밀려왔다. 삶과 죽음은 마치 쓰나미(해일)처럼 어린 나를 전복시켜 버렸다. 그때의 심경은 「나그네」라는 동시로 남아있다.

천리타향 길 걷는 나그네
무슨 곡절이 있는 듯
아주 심각한 표정이기도 하고

한편으론 무슨 깊은 시름에 잠혔나
가을 하늘은 파아란 것이 곱기도 하건만
나그네는 무슨 사연이 있을까?

너무 어린 나이에 삶과 죽음에 대한 허무를 알아버렸을까? 그때부터 나는 겁 없는 아이가 되었다. 모든 게 시시했다. 학교에서 배우는 지식은 물론 삶마저도 재미없었다. 머리에서는 삶과 자연의 이법에 대한 수많은 의문과 질문이 교차하였고, 엉클어진 실타래처럼 꼬여 나를 지치고 힘들게 만들었다. 격류에 휘말린 조각배가 되어 목적지를 잃고 허방의 사유공간에서 헤매고 떠돌았다.

그즈음 정처 없이 표류하고 있는 나를 마음의 중심에서 떨어지지 않도록 한 깨달음이 있었다. 바로 '길가의 들꽃에게도 배우라'는 깨달음이다.

어느 날 여기저기 흩어져 뒹구는 돌멩이를 툭툭 차면서 터덜터덜 길을 걷고 있었다. 갑자기 마음속에 한 줄기 분노가 일었고, 온 힘을 다해 돌멩이를 찼다. 아얏! 돌멩이가 튕겨 나가는 거리만큼 발가락에 전해지는 고통에 그만 풀썩 주저앉고 말았다. 까만 고무신을 신은 발로 돌멩이를 찼으니 그럴 만도 했다. 두 손으로 아픈 발을 감싸 안고 주무르고 있으려니 한순간 길가에 피어있는 들꽃에 눈길이 꽂히는 게 아닌가.

이 뭣고 그 누고?
너는 무엇이며 누구냐?

그동안 수없이 보았을 이름 모를 들꽃에게서 상처 입은 어린 나의 모습을 보았을까? 아니면 사람들의 관심도 받지 못하면서 먼지를 뒤집어쓰고 피어있는 들꽃이 안쓰러웠기 때문일까?

그날부터 작고 여린 것들을 유심히 바라보기 시작했다. 길을 걷다가도 허리를 굽히거나 무릎을 꿇고 길가에 굴러다니는 돌멩이 하나, 들꽃 하나라도 주의 깊이 바라보고 쓰다듬었다. 삶과 죽음에 대한 깨달음이 무형(정신·영혼)의 존재에 대한 자각이라면, 돌멩이와 들꽃에 대한 깨달음은 유형(몸·물질)의 존재에 대한 자각이었다.

지식인의 사회참여를 앙가주망이라고 한다. 사르트르로 대표되는 실존주의 철학자들은 앙가주망을 통해 자신의 지식을 사회에서 실천하였다. 유럽에서 앙가주망은 오랜 전통을 가지고 있고, 실천적 지식인은 존경의 대상이다.

해방 이후 굴곡의 정치과정을 겪은 우리 사회에서 앙가주망은 일반인에게 어떻게 인식되고 있을까? 아니 당사자인 지식인들은 이에 대해 어떤 생각을 가지고 있을까? 나는 지식인으로서 앙가주망을 제대로 실천하고 있을까?

나는 현실의 부조리와 불합리에 온몸으로 부딪치며 저항하는 유형의 강고한 실천적 지식인은 아니다. 여러 이유가 있겠지만 주된 이유는 어릴 적부터 추구한 지식의 본질인 내면의 자성 혹은 성찰에서 찾을 수 있다. 오랜 세월 동안 나는 지식 혹은 철학적 사유를 '나' 혹은 '내면'에 바탕을 두고 자성 혹은 성찰에서 찾았다. '나'는 세상을 바라보고 이해하는 수단이자 통로였고, 본질이자 목적이기도 했다. 나는 '나'를 실험도구로 삼고 '나'를 분석하고 분해하여 '나'의 본질을 찾고자 하였다. 그 노력은 지금까지도 계속되고 있다.

사람들은 그런 나를 지켜보면서 이기적이다, 비겁하다, 소극적이다, 염세적이다 등 다양하게 평가할 것이다. 그런 비판을 피할 생각은 없다. 그것이 '나'의 모습이니까. 잘난 모습도 '나'이고, 못난 모습도 '나'이니까. 어쩌면 그런 '나'를 이해하고 못 하고는 '너(당신)' 혹은 '그(들)'에 달린 것이지 '나'의 잘못은 아니다.

굳이 나 자신을 변호하자면, 나는 나-자아의 내면을 탐구하는 자세를 가진 성찰적 지식인이라고 할 수 있다. 그를 통해 깨친 지식과 지혜를 현실에서 실천하는 삶을 살고 있다고나 할까. 나는 앞으로도 '나'에 대한 탐구를 멈추지 않을 생각이다. 아마 죽는 순간까지 '나'라는 공안을 들고 "나는 깨어있는가?" 스스로 묻고 답하며 이승을 떠날 것이다. 그러고는 그런 나를 세상에 던지고 흐르는 물에 손을 깨끗이 씻을 것이다. 십자가에 매달아도 좋다! 성난 군중에게 예수를 넘긴 빌라도가 손수건을 던지고는 자신은 잘못이 없다며 손을 씻듯이. 세상과 자신에게 죄짓지 않고 순결한 그대여, 내게 돌을 던지라. 만일 내게 잘못이 있다면.

제4화

문자를 세우지 마라

내가 처음으로 불교와 마주한 것은 중 3 겨울방학 때 고입연합고사를 치르고 난 뒤였다. 이때 처음으로 어느 학자가 쓴 『불교입문』이란 책을 읽었다. 이 책은 난해한 불교용어를 국한문을 섞어 설명한 것으로 읽고 이해하기가 무척 어려웠다. 어려운 낱말은 옥편과 한글사전을 번갈아 찾아가며 새로 대하는 불교의 세계에 흠뻑 빠져들었다.

불교에서 말하는 무상無常을 설명하기 위해 그 책은 백골관白骨觀을 소개하였다. 인도나 티벳의 수행자들은 사람의 시체를 곁에 두고 사대四大와 오온五蘊이 인연에 따라 모이고 흩어지는 연기법緣起法에 대해 명상하였다.

사대란 사람의 몸을 구성하는 네 가지 요소, 즉 지地(흙/땅)·수水(물)·화火(불)·풍風(바람)을, 오온이란 정신계와 물질계를 아우르는 현상인 다섯 가지 구성 요소 색수상행식色受想行識을 말한다. 오온의 색色은 사대로 이뤄지고, 수상행식受想行識은 이 사대를 바탕으로 형성되는 느낌, 지각, 의지(행동), 의식을 말한다. 색이 물질계라면, 수상행식은 정신계에 해당한다. 불교 수행자들은 백골관을 통해 인간의 몸과 마음을 구성하는 사대와 오온이 사라지고 결국에는 앙상한 뼈만 남는 과정에 대한 성찰을 통해 인생무상을 깨닫는다. '오온이 모두 공하다'는 오온개공五蘊皆空이다.

내가 살던 시골집 건너편에 공동묘지가 있었다. 매일 그 위로 아침 해가 떠올랐다. 삶과 죽음의 경계에 대해 아무런 관심과 의식도 없던 어린 시절, 나와 친구들은 공동묘지를 놀이터 삼아 뛰놀았다. 사대와 오온이 풍화되어 하얀 백골이 된 해골바가지는 막대 끝에 매달린 장난감이 되었다. 더러는 축구공이 되어 우리 발끝에서 이리저리 굴러다녔다. 어린 내게 죽음은 전혀 심각하지 않았다. 그저 놀이나 유희에 지나지 않았다.

그런데 백골관을 대하고 나서부터는 상황이 완전히 달라졌다. 질풍노도라 불리는 사춘기가 시작되었고, 인간 존재의 근원에 대한 고민으로 사뭇 진지하고 심각한 때였다. 백골관은 청소년기의 내게 신선한 충격으로 다가왔다. "나도 언젠가 죽으면 사대와 오온이 바람에 흩날려 사라져 버릴 것이 아닌가?" 하릴없이 산등성이나 강가에 앉아 인간과 자연의 본질과 현상에 대해 사색하는 시간이 늘었다.

이듬해 봄 고등학교에 들어갔다. 소위 '뺑뺑이세대'라 불리는 나는 추첨을 통해 학교를 배정 받았다. 공교롭게도 미션스쿨인 대구 계성고등학교였다. 입학하자마자 대수양회를 했다. 신입생인 우리는 대강당에서 몇 날 며칠 동안 찬송가를 부르고 설교를 들으며 예배를 보았다.

나는 학교생활에 적응하지 못하고 떠돌았다. 공부는 지겹고 따분했고 권위적인 학교 분위기는 내 몸과 마음을 옭죄고 억압하였다. 모든 게 시시하고 재미없었다. 급기야 학교생활은 물론 공부에도 아예 흥미를 잃었다. 방과 후 집에 돌아오면 산과 들로 숨어들었다. 이 당시 나는 '문자를 세우지 말라' 는 불립문자不立文字에 사로잡혀 있었다.

객관적 지식이나 정신적 깨달음을 추구할 때 경계해야 할 게 있으니 바로 문자에 얽매이는 것이다. 불가에서는 문자로 쓰인 경전에 얽매이지 말고 마음과 마음을 통해 전해지는 참뜻-법法-을 깨달아야 한다고 강조한다. 이를 이심전심以心傳心 혹은 교외별전敎外別傳이라 한다. 붓다가 설법을 하는 대신 연꽃을 들고 아무런 말 없이 있으니 제자 가섭이 빙그레 웃었다는 염화미소拈華微笑는 불립문자의 대표적 일화로 알려져 있다.

한창 지식을 배우고 습득해야 할 고등학교 시절 불립문자라는 네 글자는 학교 공부에 흥미를 잃은 내게 훌륭한 도피처이자 안식처였다. 또한 나 자신에게 공부하지 않아도 되는 논리와 핑곗거리를 제공해 주었다.

고등학교 3년 내내 학교 공부는 뒷전이었다. 당연히 성적은 바닥을 기었다. 중학교 때까지 우등생이었던 나는 고등학교에서는 열등생으로 전락했다. 초등학교와 중학교 9년간 성적을 이유로 선생님들에게 부당하거나 차별적인 대우를 받은 기억이 없다. 그러다 완전히 상황이 바뀌었다. 학교에서 학생을 판단하는 유일무이한 기준은 성적이었다. 학생 개인으로서 나의 존엄과 주체성은 성적을 담보로 존중받을 수 있었다. 내가 어떤 생각을 하고 어떤 가치관을 가지고 있는가는 관심의 대상이 아니었다. 나의 자존감은 깡그리 무시되었다. 고등학교 생활은 내게 아주 고통스러운 경험이자 고정관념의 틀이 깨지는 수행 도량이었다.

초등학교와 중학교 때까지는 제법 공부를 잘하는 우등생이자 모범 생이었다. 그때는 솔직히 공부 못하는 동급생들을 이해하지 못했다. 방과 후 성적이 뒤떨어져 진도를 따라가지 못하는 동급생들을 가르쳤 다. 간단한 수학문제 하나 제대로 풀지 못하고 잠시도 집중하지 못하 는 친구들이 한심했다. 머리에 꿀밤을 먹여가며 그들을 가르쳤다. 줄 곧 반장을 맡았던 나는 담임 선생님의 권위를 빌려 급우들을 지배하 고 호령하였다. 중학교 때까지 나는 절대 권력자였다. 그러던 내가 고 등학교에 들어와서는 툭하면 선생님들에게 이유 없이 얻어맞고 무시 당했다. 인과응보라기에는 십 대 후반은 힘들고 거칠었다. 온몸과 마 음으로 깨닫지 못하고 관념으로 익힌 불립문자의 대가는 그만큼 혹독 했다.

고등학교를 마치고 대학에는 철학과로 진학하려던 꿈이 좌절되었 다. 재수를 하고 오기로 적성에도 맞지 않는 법학과에 들어갔다. 이 또한 패착이었다는 것은 1학년 1학기 법학개론 수업을 들으며 알았 다. 불립문자, 불립문자를 외치며 문자를 떠나고 벗어나려 했다. 하지 만 전공으로 법학을 선택한 이상 문자를 떠날 수 없음을 뼈저리게 느 꼈다.

당시 법대생이라면 누구나 사법시험을 준비한다. 나도 고시원에 들 어앉아 보았지만 전혀 창의적이지 않은 고시 공부는 도무지 재미가 없었다. 교과서를 거듭하여 읽고 요약정리하며 암기하는 따분한 공부

방식은 애당초 체질에 맞지 않았던 것이다. 지금 생각해도 찜찜한 변비만 소득으로 얻고는 포기했다. 그와 함께 십 년 이상 세월 동안 나를 사로잡고 있던 추상적 정신세계와도 결별을 고했다. "나는 이제 신神을 떠난다!"며 삶의 주체선언을 했다. 스물여섯쯤이었다.

대학 3학년 때 삶의 방편으로 법학을 학문으로, 직업으로 교수를 선택했다. 전문지식을 추구하기로 한 이상 문자를 떠날 수 없었다. 오히려 문자를 쪼개고 분석하며 세련되게 다듬는 훈련을 받았다. 독일 중심의 대륙법계 영향을 받은 한국 법학은 추상적 법학 개념을 이론화하고 엄정하게 해석하고 적용하려는 경향이 강하다. 불립문자를 통해 절대적 교의와 권위에 집착하지 않고 자유인으로 살고자 하는 나의 바람은 법실증주의라는 주류법학 앞에 여지없이 깨지고 흔들렸다.

지금처럼 복수·부전공이나 전과제도가 없던 시절이라 법학 이외 다른 선택의 여지가 없었다. 싫든 좋든 법학전공에서 살 길을 찾아야 했다. 그 방편으로 국제법을 선택했다.

대부분의 법학도들은 개인과 국가, 혹은 개인과 개인 간 권리의무 관계를 따지는 헌민형(헌법, 민법, 형법) 공부에 치중했다. 하지만 지나치게 세세하게 법률관계를 따지고 묻는 국내법은 성향에 맞지 않았다. 그 대신 나는 '쪼잔한' 국내법이 아니라 '스케일이 큰' 국제법을 전공하기로 마음먹었다.

사람은 누구나 자신에게 맞는 옷을 입어야 한다. 그래야 자신도 편하고 남에게도 유익한 일을 할 수 있다. 법학을 학문으로 선택하고 전문 분야를 연구하며 학생들을 가르치고 있지만 사실 법학은 내게 맞는 옷은 아니다. 법학자로 살면서도 늘 맞지 않는 옷을 입은 듯 몸과 마음이 편치 않다. 수십 권의 전문학술서와 백 편 이상의 학술논문을 썼음에도 아직도 법학은 불편하다. 엄정한 논리로 법해석을 하고, 이론과 실무로 무장한 해박한 법지식을 가진 동료학자들 앞에만 서면 나는 절로 작아지고 위축되고 만다.

실상이 이렇다 할지라도 나는 전문적인 법지식을 가진 법학자다. 한 분야의 전문가이자 지식인으로 활동해야 하고 나름의 의견을 제시하지 않을 수 없다. 현실적으로는 그런 역할을 하면서도 나는 늘 법학에서 벗어나 자유롭게 사고하고 행동하는 일탈을 꿈꾼다. 법학이란 고도의 전문지식을 추구할수록 그에서 벗어나 도망치고 싶다는 욕망도 강하다.

불립문자. 이 네 글자는 문자(지식)에 얽매여 아집과 교만 혹은 분별심에 빠지려는 나를 경책하는 시금석인지도 모른다. 아니 어쩌면 나는 불립문자, 이 네 글자에 얻어맞은 때의 충격에서 벗어나고 있지 못하고 있는지도 모른다. 세속의 나이 쉰을 훌쩍 넘은 반백의 나는 아직도 열여섯 살이다.

제5화

부처와 스승은 만나는 족족 죽여라

불교 선사들이 살아온 이야기를 적은 행장을 읽으면 멋있다. 보통 사람들은 누워서 죽는다. 그런데 선사들은 앉거나 서서 죽기도 한다. 이를 좌탈입망座脫入亡이라 한다. 이미 깨달음을 얻은 그들에게 죽음이란 하나의 과정에 불과하다. 하기야 앉아서 죽은들(좌탈이면) 어떻고, 서서 죽은들(입망이면) 어떠랴. 삶과 죽음에 얽매이지 않고 자유자재하는 선사들의 모습이 부러울 뿐이다.

사바세계의 교화를 마치고 죽음을 넘어선 다른 세상을 교화하기 위해 옮겨간다는 뜻을 가진 불교용어를 천화遷化라 한다. 흔히 고승의 죽음을 이르는 말이다. 생로병사의 네 가지 고통四苦(사고)으로 일그러진 현생을 고통의 바다苦海(고해)라고 부른다. 고통으로 불타는 현생을 살다가 죽을 때가 되면 조용히 산속으로 사라져 스스로 죽음을 선택하는 방식이 곧 천화다. 사는 동안에도 온갖 형식과 절차에 얽매여 살다가 죽은 후에도 장례에 얽매이는 우리의 삶이란 얼마나 거추장스러운가?

불꽃처럼 살다

바람처럼 사라지리라

일말의 체취도

마음도 남김없이

홀연히 사라지리라

사람들이여

나를 찾지 마라

이유도

장소도

묻지 마라

누구는 산으로 갔다 하고

누구는 죽어 신선이 되었다 해도 좋다

그물을 벗어난 물고기처럼

생사에서 벗어난 나를

자유인이라 불러다오

- 졸시, 「천화遷化」 전문

    젊은 시절부터 나는 죽음 이후에 일체의 흔적을 남기고 싶지 않았다. 아내에게는 연애할 때부터 누누이 일러두었다. 나 죽거든 화장하여 가루는 허공에 뿌려주오. 처음에는 남편의 당부를 이해하지 못했다. 오히려 강하게 반발하거나 거부하기까지 했다. 하지만 이제는 자신도 남편의 뜻에 따라 가기를 원한다. 부부는 살아가면서 서로의 모습뿐 아니라 생각마저도 닮아가는 법이다.

불법佛法을 공부하면서 불립문자와 더불어 내게 큰 충격을 준 말이 있으니 바로 살불살조殺佛殺祖다.

"부처를 만나면 부처를 죽이고,
조사(스승)를 만나면 조사를 죽이라!"

이 얼마나 섬뜩한 표현인가. 이 유명한 사자후獅子吼는 중국 선불교 임제종의 문을 연 임제의현선사가 한 말이다. 나중에는 살부살모殺父殺母, 즉 '아버지를 만나면 아버지를 죽이고, 어머니를 만나면 어머니를 죽이라'는 화두話頭까지 나온다.

처음 이 화두를 대했을 때의 감흥은 지금도 눈에 선연하다. 온몸이 후끈 달아오르며 쿵쾅쿵쾅 심장이 박동했다. 단전 깊숙이 부글부글 끓어오르던 용암이 백회혈을 뚫고 하늘로 치솟아 올랐다. 경동맥과 대동맥이 뚫리고 소주천과 대주천이 한꺼번에 이뤄지며 기맥이 열려버린 것이다. 기氣 수련이나 명상을 해본 이들은 안다. 소우주인 몸의 에너지가 대우주의 신령스러운 기운인 영기와 조응할 때의 그 느낌이 얼마나 신비한가를.

열 살을 전후하여 죽음에 대한 성찰로 삶의 허무를 느꼈다면, 스무 살쯤 나는 삶과 죽음을 가르는 보검寶劍을 얻었다. 이미 살고 죽는 것에 대해 별로 겁이 없던 나는 매 순간 목숨을 걸고 현실의 삶과 진검승부를 벌였다. 머리끝부터 발끝까지 피에 젖지 않은 날이 없었다. 나를 죽이고 또 죽였다.

사유든 학문이든 그 기초는 의문이다. 모르면 묻고, 따지고, 궁구하는 것이다. "너 자신을 알라!" 이 말은 "너 자신에 대해 무엇을, 또 얼마나 알고 있는가."란 반어법이다. 공자는 말하였다. "아는 것을 안다 하고, 모르는 것을 모른다 하라. 그것이 곧 아는 것이다." 이 말도 '아는 것 - 知(지)'과 '알지 못하는 것 - 無知(무지)'의 경계를 명철하게 인식하라는 뜻이다. 알면 더 깊이 파고들고, 모르면 무엇을 모르는지 의문을 품고 끝까지 캐물으라는 뜻이기도 하다.

이 말들은 완곡하고 지긋하다. 점잖고 젠체한다. 하지만 선사들의 말은 거칠다. 은유하지 않고 곧장 핵심을 치고 든다. 단박에 명줄을 끊어놓겠다는 듯 급소를 파고든다. 일순간이라도 방심하다가는 허를 찔리고 만다.

죽이라! 만나는 족족 죽이라! 인정을 두지 마라! 우상을 세우지 마라! 부처(붓다)든 조사(스승)든 만나는 즉시 죽이라!

이 얼마나 비정하고 패륜적인가! 살인행위를 한 사람을 극형에 처하는 법학을 배우기 전에 나는 이미 '나 자신을 죽이는 법'을 먼저 배우고 말았다. 죽이는 것이 살리는 것이요, 죽어야만 살 수 있다는 삶의 이치를 깨달았다. 깨달음을 얻기 위하여 살부살조하는 수행승들의 그 치열한 구도는 곧 내 삶과 학문의 자세가 되었다.

대학에 들어와 공부하면서 기성의 가치와 관념, 제도와 관행, 그리고 지식과 지혜를 맹목적으로 수용하지 않았다. 나름대로 뒤집어 보고 털어보면서 비판적으로 접근하고자 했다. 1980년대란 시대상황과 결부되면서 살불살조는 학문과 현실의 본질과 현상을 이해하는 강력한 수단이었다. 20대의 나는 지구의 심장에서 시뻘겋게 들끓고 있는 마그마와 같았다. 누구든 내 몸과 정신에 손을 대기만 하면 모두 불태

위버리고야 말겠다! 내 눈에는 시퍼런 독기가 서려있었다.

그로부터 수십 년의 세월이 흐른 지금은 어떠한가? 부처와 스승을 죽이며 생사의 경계를 넘나드는 깨달음을 추구한 나는 과연 자신과 세상을 살리는 법을 구했는가? 아니면 아직도 기약 없이 자신과 세상을 죽이고만 있는가? 활인活人과 활생活生을 추구하는 나는 지금 누구를 죽이고 무엇을 살리고자 하는가?

제6화

자신과 진리를 등불로 삼고 의지하라

춘다가 올린 공양을 먹고 설사병에 걸린 붓다는 자신의 죽음이 가까워졌음을 안다. 스승의 죽음을 슬퍼하는 제자들에게 붓다는 유훈을 남긴다.

자등명 자귀의自燈明 自歸依　너희는 자신을 등불로 삼고 의지하라.

법등명 법귀의法燈明 法歸依　진리를 등불로 삼고 의지하라.

제행무상諸行無常　모든 것은 덧없다.

불방일정진不放逸精進　게으르지 말고 정진하여라.

붓다는 마지막 순간까지 무상법無常法을 실천하고 깨어있는 자로 열반에 든다. 스승의 열반 소식을 뒤늦게 듣고 달려온 두타제일頭陀第一 마하 가섭이 슬퍼하자 붓다는 관 밖으로 발을 쑥 내민다. 염화미소로 마음의 법心法을 전한 붓다는 죽은 후에도 제자 가섭을 가르치니 곧 곽시쌍부槨示雙趺다. 인간이란 빈 손으로 와서 빈 손으로 돌아가니 슬퍼하지 말고 정진하라는 가르침이다. 죽어서도 가르치고 배우는 사제 지간의 모습이 눈물겹도록 아름답다.

불법을 피상적으로 이해하는 사람들은 무상법이 염세적·현실 도피적 관념이나 수행법이라고 비판한다. 하지만 불법처럼 깨달음을 구하고, 또 그 깨달은 바를 일상의 삶이나 현실에서 곧바로 실천하고자 매 순간 목숨을 거는 종교는 없다. 그만큼 불교는 실천적이고 적극적이다. 그러함에도 불교는 어떤 연유로 일반 대중에게서 멀어져 갔을까?

일반 대중이 불법이 어렵다고 이해하는 이유는 다양할 것이다. 대부분의 종교나 사상이 그러하듯 불교도 자기수행 중심적이고 사변적인 경향으로 전개되면서 대중의 삶에 녹아들지 못하고 현실과 점점 멀어져 갔다. 또한 뜻글자(표의문자)인 한문을 빌려 작성된 경전은 일반 대중이 읽고 이해하기란 쉽지 않다. 이 점은 기독교의 성경(특히 신약)이 일반 대중이 사용하는 생활언어나 길거리 언어(말)로 써져 보급된 것과는 큰 차이가 있다. 게다가 다른 종교와 달리 불교는 스스로 온몸과 마음을 다해 수행하면서 그 진리(법)를 깨달아야 한다. 그렇게 하지 않고는 진리의 핵심에 이르기 어렵다. 대부분의 불교신자들이 방일放逸, 즉 게으름에 빠져 정진하지 않기 때문이다.

십 년 이상의 기나긴 정신적 방황이 잦아든 이십 대 중후반 무렵, 나는 비로소 방만하게 살아온 지난 세월과 자신을 되돌아볼 마음의 여유를 가지게 되었다. 그런데 모든 게 허탈했다. "도대체 내가 왜 그렇게 긴 시간을 허비하면서 헤맸단 말인가? 진리는 이렇게 간단한 것을…." 나의 어리석음과 우둔함을 자책하였다.

너 자신을 등불로 삼고, 진리를 등불로 삼으라.

자등명 법등명. 이 여섯 글자를 얻기 위해 나는 오랜 시간 몸과 마음을 혹사했다. 몇 달 동안 제대로 음식을 먹지 못해 온종일 방에 늘어져 누워 있기도 했고, 온몸은 신열로 달아올라 정신을 온전히 가누지 못했다. 두한족열頭寒足熱-머리는 차게, 발은 따뜻하게 하라는 말이다. 찬 기운을 가진 물은 위로, 뜨거운 기운을 가진 불은 아래로 내리라는 수승화강水昇火降도 같은 뜻이다. 나는 이 경구와는 완전히 반대로 사고하고 행동했다. 눈에는 늘 독기가 서려 있었고, 말은 날카로운 창이 되어 상대의 가슴을 후비고 들었다.

몸으로 수행하지 않고 머리(관념)로만 모든 것을 이해하려 한 나는 날로 지치고 피폐해져 갔다. 그러던 어느 날 자등명 법등명이 번갯불처럼 내 가슴에 다가온 것이다. 눈, 귀, 코, 혀, 몸, 뜻眼耳鼻舌身意(안의비설신의)이라는 육근六根에 사로잡히지 않고 내가 곧 우주만물에서 하나의 물건(나=일물一物)이자 나 자신이 내 삶의 참주인임을 깨닫는 순간이었다.

일물은 임제臨濟선사가 설법할 때 즐겨 쓴 표현이다. 시비분별을 떠나 모든 것이 덧없다는 제행무상을 설명한 것이다. 마치 예수가 하느님의 아들이 아니라 친구 예수로 다가오듯 붓다가 도저히 범접할 수 없는 성인이 아니라 다정한 할아버지 부처祖佛로 다가왔다. 눈앞에서만 겉돌던 『임제록臨濟錄』이 몸과 마음으로 체득되고 이해되었다.

외롭고 지난한 공부길에 들어서면서 자등명 법등명을 고쳐 썼다. "나를 도반으로 삼고, 스승으로 삼으라." 사물의 본질과 현상을 단순화시켜 바라보고 받아들이려 애썼다. 제행무상-모든 것은 덧없으니, 불방일정진-한순간이라도 게으르지 말고 정진하고자 했다. 남들보다 뒤늦게 정신 차리고 공부를 시작했지만 매 순간 깨어있고자 했다. 상황에 휘둘리지 않고 흔들리지 않고자 했다. 붓다는 그렇게 깨어있는 자로서 나의 일물이 되었다.

일체의 분별과 차별의 경계를 떠난 사람을 임제선사는 무위진인無位眞人이라 불렀다. 곧 깨달은 자-붓다를 말한다. 그는 붓다의 유훈 '자등명 법등명' 을 아래의 유명한 게송으로 남겼다.

수처작주隨處作主 가는 곳마다 참된 주인이 되어라.
입처개진立處皆眞 지금 네가 서 있는 그곳이 모두 진리의 자리다.

우리 모두 자신의 참주인(참사람)이다. 눈, 귀, 코, 혀, 몸, 뜻이라는 육근에 사로잡혀 평생 노예로 살아서야 되겠는가. 누구나 참된 주인(=참사람)이 되어야 진리를 깨닫고, 오롯이 그 깨달음을 받아들일 수 있는 법이다. '자기창조' 는 지금 내가 서있는 이곳(Here & Now)에서 이뤄지고 있다. 왜 멀리서만 찾고 있는가. 모든 것은 덧없으니 한순간의 호흡도 가벼이 여기지 마라. 정진하고 또 정진하라.

허공에 말뚝을 박을 수 없고 거울은 잘못이 없다. 허공에는 디딜 땅이 없고 거울은 보이는 대로 비출 뿐이다. 허공과 거울을 탓하지 말고, 나를 탓하라. 나는 내 삶의 창조주인 동시에 파괴자다. 나는 나를 죽이고 살리고 스스로 죽고 되살아난다.

제7화

내가 목자를 치리니 양들이 허둥지둥댈 것이다

　　　　　이 글을 쓰면서 거의 30여 년 만에 성경(유진 피터슨의 영한대역 『메시지 신약 The Message』)을 읽어보았다. 이 성경은 얼마 전 아들이 구입한 것인데 쉬운 문장으로 씌어있어 읽기가 아주 편했다.

　내가 처음 기독교를 접한 것은 고등학교 1학년 때다. 학교를 배정 받고 보니 미션스쿨인 대구 계성고등학교였다. 이 학교는 대구지역의 전통명문사학으로 설립된 지 1세기가 넘는다. 그런 만큼 선생님과 선배들은 학교의 역사와 전통에 대한 자부심이 상당히 강한 편이다.

　미션스쿨이라 고등학교에 입학하자마자 신입생들을 대상으로 대수양회를 하였다. 나는 예수가 누군지 교회가 뭐 하는 곳인지도 전혀 알지 못했다. 어리벙벙한 상태에서 성경과 찬송가 책을 지급받고 목사들의 설교를 듣고 예배를 보았다. 기억이 정확하지는 않지만 등교하여 수업은 하지 않고 꼬박 사나흘 동안 예배만 보고 하교한 것 같다. 이뿐이 아니다. 고등학교 다니는 3년 동안 매주 한 번씩 대강당에서 예배를 보았고, 또 정규수업으로 매주 한 시간씩 성경과 기독교 기초이론을 배웠다.

기독교를 대하기 전 불교를 먼저 공부했다. 그러나 불교지식을 체계적으로 공부하고 이해하기에는 내 나이가 너무 어리고 어려웠다. 이와는 달리 기독교는 성경도 읽고 예배도 보면서 나름 체계적으로 기초지식을 배울 수 있었다. 학교 분위기 탓도 있지만 친구들 중에는 기독교 신자들이 많았다. 모태신앙을 가진 친구도 있었고, 학교의 영향을 받아 새롭게 교회에 다니기 시작한 친구도 많았다. 그 친구들의 권유로 자연스레 나도 교회에 다니기 시작했다. 아마 고등학교 1학년 봄부터일 것이다.

처음에는 건성으로 다녔다. 체질적으로 교회의 정형화된 의식이 맞지 않았고, 기독교의 많은 내용을 받아들일 수 없었다. 그러나 가랑비에 속옷 젖는다고 서서히 주변 환경에 젖어들었다. 고향마을에서 버스를 타려면 족히 30여 분을 걸어 대로로 나와야 했다. 일요일이면 성경을 옆구리에 끼고 그 길을 걸어 다시 30여 분 버스를 타고 시내에 있는 교회에 갔다. 지금의 나로서는 도무지 상상할 수 없는 일이지만 그때만큼은 상당히 성실하고 진지하게 교회를 다녔다. 하지만 아무리 교회에 다니고 기도를 해도 풀리지 않은 의문이 뇌리를 가득 채우고 있었다. 어느 날 전도사에게 물었다.

나: 나는 죄짓지 않았는데 왜 아담과 하와가 지은 죄(원죄) 때문에 내가 참회하고 부끄러워해야 하죠? 하나님은 사랑으로 충만한 분이라고 하시지 않았나요? 사랑의 하나님이면서 왜 피조물 인간의 죄를 사랑으

로 용서하고 포용하지 않나요?

　　전도사: 맞아. 하나님은 사랑의 하나님이시기도 하고, 징벌의 하나님이
　　시기도 해. 그리고 사랑에는 두 가지 종류가 있는데, 바로 때문에
　　의 사랑과 그럼에도 불구하고의 사랑이지. 전자가 조건부 사랑
　　이라면, 후자는 무조건부 사랑이야. 하나님이 우리를 사랑하는
　　것은 때문이라는 조건부 사랑이 아니라 그럼에도 불구하고라는
　　무조건부 사랑이야. 인간이 죄를 지었음에도 불구하고 하나님은
　　우리에게 큰 사랑을 베푸시는 것이야.

　뭐 이런 내용을 중심으로 전도사에게 따지고 물었다. 전도사가 아
무리 그럼에도 불구하고의 사랑을 역설해도 나는 도무지 받아들일 수
없었다. 이외에도 수많은 의문들이 꼬리를 물고 터져 나왔다. 그때마
다 전도사가 눈에 띄기만 하면 질문을 쏟아냈다. 하도 집요하게 물고
늘어지니 나중에는 나만 보면 슬금슬금 피했다. 돌이켜 생각해 보면
신학대학을 갓 졸업한 전도사가 공격적인 내 질문에 만족할 만한 대
답을 하기란 불가능했을 것이다.
　성경을 읽고 기독교에 대한 이해가 깊어질수록 의문과 고민도 깊어
갔다. 여러 교회를 옮겨 다녔다. 당시로서는 상당히 큰 규모의 교회부
터 개척교회까지 두루 경험했다.
　큰 교회는 그 운영 방식이 마치 기업 같았다. 주일예배에 가면 담임
목사와 장로들이 교회 앞에 죽 늘어서서 일일이 악수하며 신도들을
맞았다. 신도 몇 명씩 그룹을 지어 심방을 하고 성경공부와 성가대 활

동을 하는 등 아주 체계적으로 운영되고 있었다.

이에 반해 개척교회의 사정은 딱할 정도였다. 신도들의 경제사정과 사회적 지위는 차치하고라도 목사가 이끄는 예배도 아주 자극적이고 극단적이었다. 어느 날 부흥회를 한다고 참석했는데 곤혹스럽기 그지없었다. 목사와 신도 모두 소리 지르고 울부짖으며 바닥을 두드리거나 기둥을 부여안고 절규하였다. 나 혼자 멀뚱멀뚱 그 광경을 지켜보노라니 오히려 내가 정신이 이상한 것은 아닌가 의심될 정도였다. 하나둘 서서히 교회의 허와 실이 보이기 시작했다.

재수를 하면서 장래 진로에 대해 고민하였다. 그때 나는 고신파 계열의 교회에 다녔다. 고려신학대학교(고신대)에 진학하여 목회자의 길을 걸을까 진지하게 검토하던 중이었다.

아버지에게서 막냇동생이 고신대에 진학할 의사가 있다는 말을 들은 큰형이 적극 반대했다. 나는 사정을 전혀 몰랐는데 부산미문화원 방화사건을 일으킨 '주동자' 문부식 씨가 이 대학 출신이었다고 했다. 그런 꼴통이 나온 신학대에 막냇동생이 진학하여 목사가 되겠다고 했으니 경찰간부로 있던 큰형으로서는 이 문제를 상당히 심각하게 받아들인 것이다.

신앙심이 투철하지 못한 탓인지 아니면 큰형의 반대가 심했던 탓인지 구체적 이유는 모르겠다. 결국 목회자 되기를 포기하고 법대에 진학하기로 결심했다. 목회자에서 법학자로 삶의 방향이 완전히 갈려버렸다.

내가 기독교를 종교로 받아들이지 못한 이유는 여러 가지가 있다. 물론 일차적으로는 그럼에도 불구하고 믿지 못한 나의 잘못이거나 신앙심이 깊지 못한 탓이다. 하지만 그 본질적인 이유는 교회에 예수가 없었기 때문이다.

어릴 때부터 형식과 절차에 얽매이는 것을 체질적으로 싫어하는 나를 한동안 교회에 다니게 하고, 또 나름대로 성경을 열심히 읽고 기독교를 공부하게 만든 것은 바로 인간(사람) 예수였다. 천지창조와 원죄, 성령 잉태와 같은 성경 내용에는 강한 거부감이 있었다. 비록 그것을 받아들이지 못했음에도 신과 사회, 인간에 대해 처절하게 고뇌하며 방황하는 예수는 가슴 깊이 자리했다. 40일간 광야를 떠돌며 방황하고 사탄과 당당하게 맞서는 예수는 좌충우돌하는 청소년기의 내 모습이기도 했다. 더욱이 여호와의 성령이 깃든 성전에서 '그의 이름을 팔아' 장사하는 상인들을 채찍으로 후려치고 사회적 불의와 타협하지 않고 온몸으로 부딪혀 싸우는 모습에서 저항자·반항자 예수를 발견했다.

대학에 들어온 이후부터 기독교, 특히 교회에 대해서는 아주 적대적인 생각을 갖고 있었다. 캠퍼스 벤치에 앉아 있으면 가끔 대학생들이 선교하러 온다. 그들이 다가오면 으레 이렇게 말했다. "저는 기독교에 전혀 관심이 없으니 다른 분들에게 가보세요." 내가 이렇게 말하면 그들은 오히려 선교의 대상으로 삼고 더욱 집요하게 다가왔다. 그럴 때마다 이렇게 말한다. "나를 교화하려 애쓰지 마세요. 나는 교화될 수 없는 몸입니다." 이 말을 상대방이 즉각 알아챘어야 한다. 그런데 눈치 없는 신출내기들은 겁도 없이 막무가내로 들이대곤 했다.

그때부터 포문이 작열한다. 다분히 감정적이고 반항적인 시각을 담은 나의 설교가 시작되고, 머지않아 상대방은 다소곳이 두 손을 모으고 고개를 조아리며 내 말을 들으며 서있어야 했다. 기독교에 갓 입문한 그들이 나의 거친 말을 당해내기에는 역부족이었으리라. 지금 생각하면 치기 어린 행동이라 절로 웃음이 난다. 이름과 얼굴도 모르는 그들에게 나의 잘못을 참회한다. 용서하시라.

"내가 목자를 치리니 양들이 허둥지둥댈 것이다." (마가복음 13:28)

이 말은 예수가 로마군인들에게 잡혀가기 하루 전에 말한 것이다. 전문을 옮기면 이러하다.

예수께서 제자들에게 말씀하셨다. "너희 모두 세상이 무너지는 듯한 심정이 들 텐데, 그것은 나 때문이라고 생각할 것이다. 성경은 이렇게 말한다. 내가 목자를 치리니 양들이 허둥지둥댈 것이다.

그러나 내가 다시 살아난 뒤에는, 너희보다 앞장서 갈릴리로 갈 것이다."

베드로가 불쑥 말했다. "모든 것이 무너지고 모두가 주님을 부끄러워하더라도, 저는 그러지 않겠습니다."

예수께서 말씀하셨다. "너무 자신하지 마라. 오늘 바로 이 밤, 수탉이 두 번 울기 전에 네가 나를 세 번 부인할 것이다."

베드로가 거세게 반발했다. "주님과 함께 죽는 한이 있더라도, 절대로 주님을 부인하지 않겠습니다." 다른 제자들도 모두 똑같이 말했다.(마가복음 13:27-31)

이후의 일에 대해서는 모두 잘 알고 있을 것이다. 결국 베드로는 자신이 지키지 못한 약속을 대속代贖하듯 예수의 말씀을 전하다가 십자가에 거꾸로 못 박혀 죽는다. 사도 요한을 제외하고 예수의 다른 제자 모두 참혹하게 죽었다고 한다.

그런데 예수가 제자를 선택하는 모습이 흥미롭다. 열두 제자 모두 사회의 하층민이거나 평범한 사람들이다. 예수는 잘나고 가문 좋은 자제들이 아니라 어부와 같이 차별받고 소외된 계층의 사람들을 제자로 삼는다. 제자로 삼을 때도 구구절절한 말로 설명하지 않는다. "나를 따르라." 아니면 "나를 쫓으라." 식이다. 예수의 그 말에 제자들도 군말 않고 어망과 배를 버리고 곧장 스승을 따르고 쫓는다. 이해득실을 따지는 요즘으로서는 상상하기 힘든 광경이다. 그렇게 사제지간이 되어 동가식서가숙하며 서로 배우고 가르치며 깊이 믿고 따른다.

하지만 예수의 제자들이 누군가? 일자 무식쟁이들이 아니던가. "주님과 함께 죽는 한이 있더라도 절대로 주님을 부인하지 않겠습니다."는 맹세는 하루를 채 넘기지 못한다. 로마 군인들에게 스승이 잡혀갈 때는 물론 예수가 십자가에 못 박혀 죽자 무서워 골방으로 숨어든다. 심지어 스승이 부활하여 생전의 모습을 다시 드러내도 의심을 거두지 못하고 경계한다. 심지어 스승의 손에 난 못 자국을 확인하고 창에 찔린 옆구리에 손을 넣어보지 않고는 믿지 못하겠다는 제자까지 있을 정도였다. 스승 예수는 기가 찼을 것이다. 그럼에도 예수는 친절하다. 제자들의 요구를 일일이 받아들이고는 마지막 순간까지 하느님의 말씀을 전한다. 스승의 진심과 열정, 친절함에 어느 제자인들 감화하지 않으랴. 모두 목숨 바쳐 스승의 말씀을 세상에 전하다 장엄하게 순교한다.

비록 기독교를 신앙으로 받아들이지 못하고 교회를 떠났지만 예수의 행적과 사상은 젊은 내게 큰 영향을 주었다. 나는 한때 우리 민족의 전통사상의 원류를 찾아 여러 종교를 순례하듯 탐방했다. 그때 다양한 종교를 비판적으로 수용할 수 있었던 것도 청소년기에 접한 예수의 말씀 덕분이다. 또한 프랑스에서 공부하며 유럽의 사회문화와 사상을 접할 때도 성경 지식은 많은 도움이 되었다. 내가 가진 인간관, 사회관과 세계관도 성경에 빚진 게 적지 않다. 그리고 예수의 저항정신은 나의 학문관, 특히 기본적 인권에 대한 관념을 형성하는 데 상당한 영향을 미쳤다.

최근 기독교의 보수화에 대한 우려가 적지 않다. 서울역에 갈 때마다 붉은 글씨로 쓴 '불신지옥 예수천국' 피켓을 든 사람들을 보곤 한다. 더러는 연구실로 불쑥 찾아와 '예수를 믿으라' 며 유인물을 나눠주는 이들도 있다. 그럴 때마다 그들을 강하게 질타하며 돌려보낸다. 그리고는 한동안 허허로운 심경에 잠긴다. 내게 기독교는 어떤 의미로 남아있는가?

내가 다니던 고등학교는 잠언 1장 7절에 나오는 "여호와를 경외함이 지식의 근본이니라."라는 말을 교훈으로 삼고 있었다. 공교롭게도 대학도 미션스쿨을 다녔다. 기독교 정신에 입각하여 "진리와 정의와 사랑의 나라를 위하여"가 교육이념이었다. 캠퍼스 곳곳에 새겨진 이 글귀는 내 가치관에 굵직한 흔적을 남겼다. 나는 교회가 다시금 '진리와 정의와 사랑의 나라' 로 빛나는 예수의 정신을 되찾고 현실에서 이를 실천할 수 있기를 바란다. 지금도 나는, "나는 부활이요 생명이니 나를 믿는 자는 죽어도 살고, 누구든지 살아서 나를 믿는 사람은 결코

죽지 않을 것이다."라며 강한 확신에 찬 예수의 말씀에 온몸으로 전율을 느낀다.

예수가 자신의 현전과 부활을 통해 완성하고자 한 세상은 도래했을까? 아니면 우리는 아직도 메시아를 기다리고 있는가? '종결자 예수'의 말씀으로 이 글을 맺는다.

"내가 하나님의 율법이든 예언자든, 성경을 폐지하러 왔다고 생각지 마라. 내가 온 것은 폐지하려는 것이 아니라 오히려 완성하려는 것이다. 나는 그 모든 것을 거대한 하나의 파노라마 속에 아우를 것이다." (마태복음 5:17)

제8화

수행은 업業을 짓는 일이다

대학 1학년을 마치고 군에 입대했다. 28개월 15일간의 군 복무 기간은 마치 사유의 암흑기와도 같았다. 강고한 체제에 억눌려 생활하다 보니 자유로운 상상력은 사라졌다. 오직 제대할 날만을 기다렸다. 사단장에게 제대신고를 하고 부대에서 내 준 버스를 타고 수원역으로 나오는 중에도 가슴이 조마조마했다. "이러다 혹시 비상사태가 터져 부대복귀 명령이 떨어지는 것 아니야?" 쓸데없는 생각이 슬금슬금 올라왔을 정도였다.

제대하고 2학년에 복학하면서 그동안 가슴에 품고 있던 의문을 해결하고 싶었다. 우리 민족의 전통사상의 뿌리는 무엇일까? 도서관에 가서 역사와 문화인류학 분야의 책을 잔뜩 쌓아 두고는 마음이 가는 대로 읽었다. 천부경과 삼일신고의 존재를 처음 안 것도 이때다. 제도권교육에서 정사正史만 배웠다면, 비로소 야사野史에 관심을 가지고 그에 관한 책을 읽기 시작한 것이다.

자연스레 애니미즘과 무속신앙도 접했다. 학교를 벗어나 세상에서 자칭 타칭 '도사들'을 만나 교유하고 무속인들의 삶을 깊이 경험했다. 재밌는 사실은 우리 의식과 삶의 저변을 지배하고 있는 것은 유학이나 근대지식 혹은 기성 종교가 아니다. 사람들은 여전히 무속신앙에 바탕을 둔 애니미즘에 의지하여 삶의 지혜를 구하고 애환을 달래고 있었다. 그제야 보름달이 떠오르면 정한수 한 그릇 떠놓고 두 손 모아 가족의 무탈을 빌던 어머니의 정성과 기도가 이해되었다. 과학적이거나 합리적이지 못하다며 어머니의 행동을 질책하고 비난한 어린 시절 나의 어리석음이 한없이 부끄러웠다.

대학교 2학년이던 1980년대 중반은 민주화운동으로 사회가 들끓었다. 반면 단군을 숭배하는 민족 신앙이나 전통호흡법에 대한 관심이 높은 때이기도 했다. 1984년인가? 권태훈 옹이 쓴 소설 『단丹』은 대단한 반향을 불러일으켰다. 그 후 그는 『백두산족 단학지침』이란 책도 썼다. 그의 주장의 요지는, 단군정신을 회복하고 잃어버린 고대영토를 수복함으로써 고조선의 영광을 재현해야 한다는 것이다. 이를 위해서는 몸과 마음을 단단하게 수련할 필요가 있다. 그 핵심이 단전을 중심으로 한 호흡 수련, 곧 '단'이다. 그의 사상은 단학丹學으로 발전하여 전국 각지에 단학수련원(단학도장)이 설립되었다.

이즈음 호흡·명상과 함께 기공 수련을 했다. 나는 대만의 어느 사범이 국내에 소개한 당산기공을 배웠다. 정신세계에 관심이 많던 나는 그 당시 우후죽순 생겨나는 단군을 신앙하는 민족종교를 앞세우는 종교단체를 눈에 띄는 대로 찾아갔다. 단군을 앞세우지만 대부분 기성의 종교와 무속신앙이 적절하게 결합된 형태였다.

대순진리회와 증산도는 아류의 민족종교단체보다 한층 체계적으으로 운영되고 있었다. 나는 두 종교의 도장에 찾아가 수련도 해보고 궁금한 주제에 대해 관계자들과 토론도 했다. 세상에는 도를 닦는 야인과 도인들이 많기도 했다. 개중에는 전혀 현실적이지도 않고 허황된 사고에 빠진 이들도 많았다. 그러나 그들과의 교유를 통해 절대적 및 상대적 가치개념의 경계를 사유할 기회를 가질 수 있었다.

내 나이 스물대여섯 살이 되자, 열다섯의 나이부터 나를 뜨겁게 달구던 의문들이 서서히 해소되었다. 눈을 뜨고 보니 허망하였다. "진리란 이렇게 단순한 것을… 이것을 깨닫지 못하고 나는 왜 그토록 모질게 헤맸을까?" 깊은 자괴감마저 들었다.

정신적 방황이 끝나자 점차 내면이 안정되어 갔다. 사람과 사물을 대할 때 현상뿐 아니라 본질도 함께 보았다. 독단과 아집을 경계함으로써 주관적 편견과 편벽에 빠지지 않으려는 학문적 자세도 가지게 되었다. 하지만 얻는 것이 있으면 잃는 것도 있다. 불가에서 말하는 원인과 결과에 따른 연기법이다. 마음(정신 혹은 영혼)은 얻었지만 몸(육체 혹은 건강)은 잃었다. 십수 년 동안의 방황으로 몸을 돌보지 않고 혹사한 탓에 채 삼십분도 앉아있지 못할 정도로 기력이 쇠약했다. 내게도 온갖 고행과 수행으로 지친 고타마를 일으켜 세운 목동소녀의 '우유 한 그릇'이 필요했다.

정신적 방황을 하면서 여러 종교를 순례하듯 탐방하였다. 그런 과정에서 자연스레 나의 종교관도 정립되었다.

첫째, 수행은 업業을 짓는 일이라는 생각을 가져야 한다. 얼마 전 어느 선배 교수가 내게 "교회에 가자."고 권유했다. 나는 완곡하게 거절하며 대답했다. "저는 절에도, 교회에도 나가지 않습니다. 제가 사는 이 현실이 도량이니 구태여 절과 교회에 나갈 마음이 없습니다." 이 말은 나의 솔직한 생각이다. 물론 사람에 따라서는 절이나 교회가 필요하다. 종교공동체는 다양한 층위의 사람들을 담는 그릇이어야 한다. 하지만 나는 구족具足 사상을 따른다.

구족이란 나는 이미 완전하다, 나는 이미 다 갖추었다는 뜻이다. 조주선사는 "개에게도 불성佛性이 있다."고 했다. 나는 부처님의 씨앗을 품고 있다. 아니 나는 이미 깨달은 자-각자覺者-부처님이다. 삶의 과정 혹은 삶 그 자체가 청정한 수행도량이고, 그 자신이 법이니 더 이상 무엇이 필요한가. 이런 생각은 기독교도 다르지 않다. 인간은 하느님의 형상으로 만들어졌다. 창조주는 피조물인 인간을 만들 때 자신의 형상(모습)뿐 아니라 영혼마저도 불어넣었다. 창조주의 생기生氣를 받은 인간이 주인으로 살지 못하고 늙어 죽을 때까지 노예처럼 사는 것은 인간을 만든 하느님의 뜻이 아닐 것이다.

선가仙家에서는 깨달음의 방편으로 돈오돈수와 돈오점수를 말한다. 단박에 깨치고 단박에 닦을 것인가, 아니면 단박에 깨치더라도 서서히 닦아나갈 것인가. 임제선사는 이마저도 단박에 깨뜨린다. "수행하지 마라. 수행은 업을 짓는 일이다!" 나는 일물一物-하나의 물건이고, 본래 그 일물마저 없으니 본래무일물本來無一物이다. 없는 것에 매달리는 것은 어리석고 부질없다. 나는 일 없는 사람이니 부산 떨지 말라고 한다. 자유사상의 극치라 아니 할 수 없다.

이런 생각을 가진 나에게 종교란 알몸을 가리는 겉옷에 불과하다. 우연히 산행을 하다 절에 들르면 나도 예배하고 부처님을 경배한다. 내 몸과 마음이 거기 있고 부처가 거기 있기 때문이다. 오직 그뿐. 나도, 부처도 서로 머물거나 잡지 않는다. 마음을 내는 순간 거꾸러지고 엎어진다. 수행을 말하여 무엇하랴. 그 또한 업을 짓는 일인 것을.

둘째, 모든 사람은 죽는다. 이 당연한 진리 앞에 사람들은 불안과 공포로 떨고 강하게 부정하려 한다. 어쩌면 종교는 시간과 불안을 먹고 산다. 누구나 삶이 무한하거나 영속될 수 없고 제한된(유한한) 시간을 살 수밖에 없다는 것을 안다. 그럼에도 우리는 그 시간 앞에서 왜 그리 불안해하고 겁에 질려 떨고 있을까. 봄 여름 가을 겨울 사계절의 변화에 따라 산천초목이 태어나 자라고 사라지듯 존재로 태어난 이상 사람도 생로병사를 피할 수 없다. 죽고 싶지 않다, 오래 살고 싶다, 영생하고 싶다. 사람이 가진 이 욕망의 근원은 뿌리 깊다. 진시황제가 불로장생을 꿈꾸며 영약을 구하려 했다는 일화는 남의 이야기가 아니다. 우리 내면 깊숙이 '할 수 있다면' 나도 늙고 병들고 죽지 않고 영원히 살고 싶다는 삶에 대한 강한 집착과 욕망이 자리하고 있다.

각 종교마다 내세관이 있다. 예수도 자주 하느님의 나라라든지 영원한 삶을 언급한다. 누군들 지옥이나 연옥에 떨어져 한없는 고통을 받으며 살고 싶겠는가. 누구나 천국에 태어나고 싶어 한다. 아니 천국의 문을 여는 보증수표를 받고 싶어 한다.

내세관이라면 불교는 기독교를 훨씬 뛰어넘는다. 기독교에 천국이 있다면, 불교에서는 극락세계(불국토)가 있다. 다만, 기독교의 내세관(혹은 영생관)과 달리 불교는 이것을 윤회의 과정으로 본다.

불교에 의하면, 이 우주에는 팔만 사천 대천 세계가 있다. 우리가 살고 있는 세계가 천 개 모여 소천 세계를, 소천 세계가 천 개 모여 중천 세계를, 중천 세계가 다시 천 개 모여 대천 세계라 한다. 이 우주에는 그 대천 세계가 팔만 사천 개나 있다고 하니 얼마나 광활하고 무한한가. 지구라는 소행성에 살고 있는 인간이 '나 잘났네, 너 못났네' 우열을 다투는 것 자체가 우스운 일이다.

인간이 이 세계를 윤회하는 과정에서 전생의 업에 따라 천상계, 인간계(사바세계), 축생계, 아귀계, 아수라계, 지옥계에 태어난다. 비록 우리가 전생의 업장이 두텁다고 할지라도 개인의 깨달음에 따라 그 업을 소멸하고 해탈하면 천상계에 태어난다. 천상계는 더 이상 존재로서 윤회하지 않는 세계이니 바로 열반의 세계다. 그래서 불교에서는 지금 여기가 중요하다. 내가 살아 숨 쉬는 바로 지금 이 순간 깨달아야 한다. 다음(혹은 내일)은 없다. 쭈뼛쭈뼛 머뭇머뭇하다가는 흠씬 죽비(몽둥이)에 두들겨 맞기 십상이다. 맞다고 해도 몽둥이 백 방이요, 틀리다고 해도 몽둥이 백 방이다.

지인들과 얘기해 보면 대부분 죽음을 겁내고 두려워한다. 지식인들이라고 해서 예외가 아니다. 이성과 논리를 추구하는 철학자는 물론 객관과 합리를 목숨처럼 여기는 과학자도 끊임없이 죽음의 공포에 시달리고 있다. 모두 현생의 죽음을 벗어난 영생의 가능성을 탐문한다.

현실이 어려울 때나 세기말 현상이 나타날 때면 어김없이 종말론이 등장한다. 영악한 종교지도자들은 신도들이 가지고 있는 죽음과 영생에 대한 공포와 욕망을 자극하여 개인으로 하여금 재산을 처분하도록 꼬드기거나 극단적인 집단자살로 이끌기도 한다. 가장 똑똑하고 과학문명의 혜택을 입은 인간이 여전히 이런 어리석고 무모한 선택을 하는 현상을 어떻게 설명할 것인가? 설령 세상의 종말이 왔다고 하자. 나만 살겠다고 현실에서 도망하고, 나만 천국이나 천상에서 영생을 누리겠다는 것은 인간인 우리가 가진 지독한 자기중심적이고 소아적인 집착이자 욕망이 아니겠는가?

　모든 존재는 죽는다. 나도 죽는다. 이 자명한 진리를 부인하지 말자. 오히려 담담하게 받아들이고 현실의 삶을 살기 위한 동력으로 삼자. 어차피 나는 주어진 시간을 살다 언젠가는 죽어야 한다. 중요한 것은 이미 흘러가버린 시간이 아니다. 앞으로 내게 남은 시간을 어떻게 살 것인가, 이것이 중요하다. 죽음의 공포에 벌벌 떨고 있는 나의 불안 심리를 이용하는 종교에 휘둘리지 말자. 절이나 교회에 가서 울고불고 매달려도 죽고, 지금 여기의 삶을 살아도 죽는다. 어차피 죽을 목숨이라면 한바탕 신나게 살다 죽는 게 낫지 않겠는가.

　셋째, 오직 나와 내 가족만을 위해 기도하지 마라. 팔공산 갓바위는 전국적으로 유명한 기도도량이다. 입시철이 되면 전국 각지에서 자녀의 학업성취를 기원하는 사람들이 몰려들어 인산인해를 이룬다. 모두 자식의 학업성취를 바란다. 모든 자식이 다 100점을 맞을 수 있으면 얼마나 좋을까? 학부모들의 욕망의 대상이 된 서울의 S대학교가 100개 정도 있으면 또 얼마나 좋을까? 그런데 사회는 늘 수요와 공급의 균형을 이루고 있지 못하다. 수요는 많은데 공급은 태부족이니 사람들은 '나만 잘살고 보자'는 식으로 경쟁에 내몰린다. 부모의 욕망은 대학입시에서 극대화된다. 오직 내 자식만 잘되기를 바란다. 남의 자식은 어떻게 돼도 좋다는 식이다. 이 얼마나 볼썽사나운 형국인가.

　나는 늘 주변에 말한다. "모모 님 정도로 배우고 먹고살 만하면 더 이상 뭘 더 달라고 기도하지 마세요." 이 말에 대부분 생뚱맞다는 반응이다. "내가 뭘 얼마나 바랐다고? 나는 아직도 불안하고 부족하다."

속으로는 이렇게 항변할 것이다. 하지만 종교란 핍박받고 차별받으며 소외된 약자들을 위해 존재해야 한다. 모름지기 종교는 그들을 위해 기도해야 한다. 어떻게 하면 나 자신이, 이 사회가, 인류가 평화롭고 행복하게 살 수 있을지 그에 대해 고민하고 질문하며 해답을 구하는 기도를 해야 한다. 신에게 매달려 온통 나와 내 가족을 위해 뭘 해달라고 간구하기 전에 나와 내 가족이 사회적 약자와 소수자를 위해 무엇을 할 수 있을지, 또 해야 할지에 대해 물어야 한다. 그래서 "나는 그들을 위해 무엇을 하겠습니다."는 다짐과 실천을 위한 기도가 되어야 한다.

물론 누구에게나 아픔이 있다. 가족도 마찬가지다. 힘들고 병들거나 다친 가족이 있다면, 그(들)를 위해 기도할 수 있다. 그것을 부정하거나 무시하는 것이 아니다. 내가 말하고자 하는 요점은 이것이다. 신앙생활을 한다면서도 종교의 본질에 대해 성찰하지 않고, 오로지 자기기복自己祈福적인 기도에만 매달리지 말자. 나는 그것을 비판하고 경계하는 것이다. 이러한 사고는 결국 타 종교를 인정하지 않고 배척하고 억압하는 배타적인 종교관으로 흐를 우려가 높다. 역사의 과정을 통하여, 또 오늘날에도 종교가 서로 화합하지 못하고 반목하고 갈등하고 전쟁으로 치닫는 현상을 너무나 많이 경험하고 있지 않은가.

대부분의 종교는 사랑을 근본 교의로 삼고 있다. 굳이 사랑이 아니라 자비나 인仁과 같이 다른 말과 글로 표현되고 있어도 그 본질은 같다. 우리가 사랑으로 충만한 삶을 살기 위해서는 서로의 차이(다름)를 인정하고, 나와 우리 혹은 그들이 다르다 할지라도 차별하지 않아야 한다. 아니 다르다 할지라도 그들을 사랑으로 이해하고 감싸 안고 포

용할 수 있어야 한다. 차별과 배제 혹은 소외와 무시는 종교의 이름이
아니다. 상생과 포용, 존중과 평화야말로 사랑을 지향하는 종교의 이
름이다.

제9화

아내는 하느님처럼 모셔라

어떤 계기인지는 정확히 알 수 없다. 비교적 이른 나이인 20대부터 인생관, 연애관, 결혼관, 양육관, 이 네 가지에 대해서는 분명한 가치관을 가져야 한다고 생각했다. 육 남매의 막내로 자라면서 어머니를 통해 여성들이 겪는 삶의 애환을 보고 듣고 자랐고, 또 형과 누나들의 결혼 생활을 통해 깨달은 바가 컸기 때문일 것이다.

어릴 때부터 나는 '남을 통해 배운다'는 타산지석 혹은 역지사지易地思之의 마음가짐을 가지고 있었다. 이 시각으로 타인과 세상을 바라보면, 부모님과 가족, 친지 등 모든 사람들의 삶과 그들이 처한 상황은 나를 키우고 단련시키는 훌륭한 텍스트이자 스승이었다. 나는 그 텍스트를 부정하고 거부하기보다는 오롯이 지식 체득과 깨달음의 훌륭한 수단으로 삼았다. 그래서일까? 나는 자신의 주장을 분명하고 결연하게 내세우면서도 상대의 생각과 처지를 이해하려 애쓴다. 내 삶의 본질을 침해하지 않는 한 되도록 상대를 존중하고 배려하려는 자세는 젊은 시절부터 내면에 뿌리 깊게 자리 잡고 있다.

1990년 12월 18일 일본어를 같이 배우던 친구의 소개로 아내를 처음 만났다. 당시의 나는 날카롭기 그지없었다. 중 2 열다섯 살부터 시작되어 십수 년간 나를 괴롭히고 있던 정신적 방황은 거의 끝난 때였다. 하지만 몸과 마음은 지칠 대로 지쳐있었고, 세상과 '맞장 한번 떠 보자'는 결기로 눈에는 살기마저 돌고 있었다. 다분히 공격적인 나를 여성들은 피하고 외면하였다. 굶주린 늑대처럼 사랑을 구했으나 모두 실패하였다. 그런데 이상도 하지. 처음 만난 아내는 나를 전혀 겁내거나 두려워하지 않았다. 아내는 날카롭고 공격적인 나를 스르륵 무장해제시켰다. 아내 앞에 선 나는 마치 엄마 앞에서 어리광을 부리는 어린아이 같았다. 천생연분이었다.

혼인하고 나서 오랜 세월이 지났을 때 아내에게 물어보았다.

> 나: 내가 겁나지 않았어? 도대체 아무것도 가지지 못한 나와 어떻게 결혼할 생각을 한 거야?
>
> 아내: 불쌍해서… 내가 보듬어 주지 않으면 안 될 것 같아서….

하지만 현실은 녹록지 않았다. 결혼과 유학 계획을 밝히니 부모님과 형님들은 극단적으로 반대했다. 막내인 내가 아무런 경제적 능력도 없이 결혼을 하고 성공할 보장도 없는 유학을 가겠다니 무모하다고 본 것이다. 결판을 내야 했다. 어느 날 가족들이 모인 자리에서 호기를 부렸다.

큰형님: 돈 한 푼 없으면서 결혼비용은 어떻게 마련할 것이며, 또 앞으로
　　　어떻게 살아갈래?

나: 걱정 마이소. 형님들이 도와주시지 않으면 절에 가서 정한수 한 그릇
　　떠놓고 부처님 앞에서 혼인할 낍니더.

큰형님: 네가 공부를 하려면 경제적으로 여유 있는 집의 규수와 결혼하
　　　는 게 낫지 않겠어?

나: 형님이 제가 사랑하는 여자 데리고 살 낍니꺼. 저는 ○○ 씨와 결혼할
　　낍니더.

그때의 나는 멋졌다! 다만, 그뿐. 현실은 거칠었다. 우여곡절 끝에
결혼하고 곧장 프랑스로 유학을 떠났다. 수중에 가진 돈도 없고 앞날
은 보이지 않았다. 파리로 가는 비행기 안에서 아내는 내 어깨에 기대
어 곤히 잠들어 있었다. 1992년 1월 초 날씨는 추웠고 현실은 암담하
였다.

오직 공부하려는 열망을 가지고 호기롭게 떠난 유학이었다. 하지만
샤를 드골공항에 도착한 비행기에서 내렸을 때부터 눈앞이 캄캄했다.
파리에서 디자인을 공부하고 있던 고향마을 친구가 마중 나오지 않았
다면 바닥에 주저앉아 엉엉 울었을지도 모른다. 불어는 모깃소리처럼
귓전에서 앵앵거렸고, 처음 대하는 낯선 환경은 나를 주눅 들게 만들
었다. 친구의 꽁무니만 졸졸 따라다니며 공항을 빠져나와 친구 집에
서 하룻밤 묵었다.

다음 날 프랑스 동북부에 있는 작은 도시 브장송으로 이동하였고,
곧바로 어학연수를 시작했다. 무작정 떠나왔고 불어 한 마디 제대로

하지 못했기에 집을 구하느라 애를 먹었다. 싸구려 호텔에서 지내는 우리에게 달콤한 신혼생활이란 드라마에서나 존재했다. 한국 유학생들의 도움으로 겨우 집을 마련하고 나서부터 우리 생활도 점차 안정되어 갔다. 다행히 아내도 프랑스 생활에 빠르게 적응했고 가정살림을 도맡았다. 내가 가정사에 신경 쓰지 않고 공부에만 전념할 수 있었던 것은 모두 아내의 헌신 덕분이다.

유학 때부터 우리 내외는 떨어져 있어 본 적이 거의 없다. 지금도 마찬가지다. 낮에 연구실에서 보내는 시간을 제외하고는 대부분 가정에서 아내와 함께 있으려 한다. 함께 저녁을 먹고 텔레비전도 보고 산책을 한다. 서로 하루 중 있었던 일을 얘기하고 가정사에 대해 의논한다. 아내의 제안에 내가 하는 말이라곤 "응, 알아서 해." 이 한마디뿐이다.

이십 년 이상을 함께 살아왔지만 앞으로 우리에게 남은 인생의 물리적 시간은 정해져 있다. 우리가 언제, 어디서, 또 어떻게 서로의 곁을 떠날지 알 수 없다. 그러니 더욱 애틋할밖에. 바로 지금 여기서 서로를 아끼고 사랑해야 한다. 우리는 다음을 기약할 수 없다.

결혼하는 제자들에게 입버릇처럼 "아내를 하느님처럼 모셔라!"고 당부한다. 비단 남편의 아내에 대한 마음가짐이 아니라 아내의 남편에 대한 태도도 마찬가지다. 우리는 모든 사람을 하느님처럼 모시고 섬겨야 한다. 내가 개인의 주체성을 강조하면서 '신에게 매달리지 말라'고 강조하는 이유도 여기에 있다. 모든 존재를 하느님으로 받아들이고 이해하면 절로 경건하게 기도하는 마음이 된다. 내 안에 신이 있고, 평생 모든 사람과 온 존재를 신으로 모시고 살면 된다. 이런 마음으로 일상을 살면, 굳이 절이나 교회에 가서 신을 찾을 필요가 없다.

힘들고 괴로울 때면 아내 품에 안긴다. 정말 힘들 때는 아내 품에 안겨 아이처럼 엉엉 울기도 한다. 세상사에 지치고 상처 입은 나를 격의 없이 안고 위로해 줄 존재가 아내 말고 누가 있겠는가. 아내는 세상 떠난 어머니의 화현인지도 모른다. 아내 앞에서 나는 영원히 철들지 않는 '아기-남편'이다. 엄마 품에 안긴 아기처럼 아내 품에 안겨 죽음을 맞고 싶다.

사랑하는 당신
나 죽고 딱 하루만 더 살아주오

북망산천을 겹겹이 둘러싼 쇠창살을 뚫고
겁 많은 당신 데리러 오리다

눈물 많은 당신
나 죽더라도 나를 위해 울지 마오

당신이 흘린 뜨거운 눈물
텅 빈 뼛속 시린 발목을 잡으면

머뭇대는 혼백
이승을 떠날 수 없으니

평생 나만 바라본

당신의 포근한 품에 안겨

지친 내 영혼

꿈꾸듯 머나먼 여행을 떠나고 싶소

우리의 청춘 뜨겁게 달구던

거친 숨 차츰 잦아들거든

메마른 내 입술에 조용히

마지막 입맞춤이나 해주오

죽어서도 그리울 내 어머니 같고

누이 같은 여인이여!

- 졸시, 「마지막 사랑으로」 전문

제10화

넘치면 덜어내고 모자라면 채워주라

　　　　　　로스쿨이 도입되기 전 법학부 학생들에게 한 학기에 한 번 정도는 가치관, 인생관, 결혼관, 양육관, 교육관에 대해 강의하곤 했다. 이 중에서 결혼관에 대해 말하면서 칠판에 '상호존중(co-respect)'이라 적고는 이야기를 시작한다. 사람은 누구나 자유롭고 평등하며 존엄한 존재로 태어났으며, 행복을 추구할 권리가 있다. 이것은 헌법상의 권리이다. 특히 부부 사이에 이 권리가 추구되기 위해서는 무엇보다 서로 아끼고 존중해야 한다. 이러한 부부관계를 유지하는 것은 법학도로서 마땅히 가져야 할 헌법상의 가치이기도 하다. 내가 학생들에게 강조하는 강의의 요지이다.

　한 가정을 이루고 살아가는 부부라 할지라도 서로 타고난 능력과 가치관이 다를 수밖에 없다. 서로 '나 잘났네, 너 못났네' 뻐기고 다퉈봤자 남는 것은 상처밖에 없다. 비록 서로 싸우고 다툰다고 할지라도 어느 정도에서 그칠 수 있어야 한다. 적어도 넘어서는 안 될 선은 절대로 넘지 말아야 한다. 대화와 사랑으로 불화를 해소하고 극복하면 그나마 가정은 유지된다. 하지만 불행하게도 많은 부부가 소통하지 못하고 급기야 파경을 맞곤 한다.

　불행 중 다행이랄까? 육 남매의 막내로 크면서 나는 형과 누나들의 혼인과 결혼생활을 보면서 직간접적으로 많은 학습을 할 수 있었다. 어머니의 고통스러운 시집살이와 가정생활도 한몫했다. 어린 막내에게 어머니는 입버릇처럼 말씀하셨다. "여자는 화초와 같데이. 정성껏 물 주고 벌레 잡아주면 예쁜 꽃을 피우듯이 여자도 똑 마찬가지데이." 엄마 품에 안겨 어릴 적부터 그 말을 듣고 자란 나는 비교적 일찍이 '만일 내가 결혼하여 가정을 이루면 이러저러해야지.' 라는 나름의 가치관을 정립할 수 있었다.

　부부 갈등은 서로를 깊이 이해하지 못하기 때문에 일어난다. 가정을 이루고 살아가면서 부부 서로에 대한 이해의 폭이 넓고 깊어져야 한다. 하지만 현실은 그 반대인 경우가 다반사다. 어떤 부부를 보면, 서로 잡아먹지 못해 안달이 난 사람들 같고, 또 마치 서로 철천지원수처럼 다투고 싸운다. 나는 평소 부부관계에 대해 이런 생각을 가지고 있다.

　넘치면 덜어내고 모자라면 채워주라.

　우리 부부를 예로 들면, 평생 공부만 한 나는 도무지 융통성이 없다. 나 자신이 판단하기에 '옳다!' 고 하면, 목에 칼이 들어와도 굽히지 않는다. 이에 반해 아내는 천성이 부드럽고 대인관계가 원활하다. 완고한 남편인 나의 자존심을 자극하지 않으면서도 상대를 이해하고 포용하도록 유도한다. 그런 아내의 제안에 처음에는 발칵 화를 낸다. 하지만 그것도 잠시 이내 순한 양처럼 순응한다. 지식만 추구하는 자신의 한계를 알기에 나는 기꺼이 아내의 제안을 받아들인다. 이처럼 우리 내외는 가급적 서로 존중하고 보완적인 관계가 되도복 애쓰고 있다.

그렇게 이십 년 이상의 세월 동안 우리는 서로를 믿고 의지하며 살아왔다. 하지만 누구나 죽음을 피할 수 없다. 아내와 나도 서로 앞서거니 뒤서거니 언젠가는 이승을 떠나리라. 몸을 가진 존재로 태어난 이상 이별은 피할 수 없다. 앞으로 우리에게는 시간이 얼마 남지 않았다. 지금 여기서 매 순간 죽을 것처럼 아끼고 사랑해도 부족한 시간이다. 그 현실 앞에서 우리가 선택할 수 있는 것은 한 가지뿐이다. 서로 사랑하며 살다 후회 없이 죽음을 맞는 것.

아침에 일어나 침대를 빠져나오면서 곤히 잠든 아내의 이마에 입 맞추고 머릿결을 쓰다듬어 주곤 한다. 서로의 체온을 나누고 두 눈을 마주 보며 부부가 함께 아침을 맞을 수 있는 것보다 더 위대한 철학이 있을까? 그보다 더 아름다운 삶이 있을까? 이 세상의 모든 연인을 위하여 사랑의 노래를 바친다.

미운 정 고운 정 붙이고 살다가

잘 있어, 한마디 말도 못 하고
밤새 덜컥 이 세상 떠날지도 몰라

너의 따뜻한 체온을 잃고
꼭 잡은 두 손 놓칠지도 몰라

등골 서늘한 식은땀 젖은
악몽으로 여는 새벽

삶에 대한
한 오라기 미련도 없어

평소의 너스레는
모두 거짓이었어

누구나 죽는다

몰라서 슬픈 게 아니라
알기에 외면하고 싶었어

이제 다시는 눈물 어린
너의 두 눈 바라볼 수 없고

신열로 달아오른 뜨거운 이마에
입맞춤할 수 없다는 사실은

죽음보다 두려운

피하고 싶은 진실일지도 몰라

거짓에 가려진 진실이

영영 드러나지 않았으면 좋겠어

온 세상 활짝 피어난

저 벚꽃이 지지 않았으면 좋겠어

캄캄한 이 밤이 깨어나지 않았으면

아침 밝은 해가 떠오르지 않았으면 좋겠어

- 졸시, 「염원 2」 전문

제11화

서로 대하기를 손님 모시듯 하라

『동몽선습童蒙先習』「부부유별夫婦有別」편에
이런 문장이 있다.

"옛적에 극결郤缺이 밭에서 김을 매고 있을 때 그 아내가 새참을 내왔는
데 서로 공경하여 대하기를 마치 손님 모시듯 하였으니 부부간의 도리는
마땅히 이와 같아야 한다."

"자사子思가 말씀하시기를 '군자의 도리는 부부 사이에서 비롯된다' 고
하셨다."

대학교 1학년 교양한문 시간이었다. 부부간의 도리에 대해 교수님
은, "상대여빈相待如賓, 즉 부부는 서로 대하기를 마치 손님 모시듯 해
야 한다."고 말씀하셨다. 중학교 때 『삼강오륜』과 『동몽선습』을 찾아
읽었지만 어렸던 탓일까? 아니면 이 대목을 스치듯 읽었는지 기억에

남아있지 않았다. 그런데 이날 교수님의 '상대여빈하라' 는 말씀이 강렬한 느낌으로 다가왔다. 그 후 나름의 결혼관을 세우면서 상대여빈을 부부간의 도리로 삼았다.

아내를 만나 결혼하고 가정을 이루면서 상대여빈에 따라 부부의 도리를 다하고자 다짐했다. 내외 서로 함부로 말하지 말고 예의에 벗어나 행동하지 말자. 아내에게 약속했다. 평생 당신을 사랑하고 존중할 것이라고.

젊은 시절부터 가지고 있는 부부관계에 대한 생각이다. 만일 부부가 남에게서 무시당하지 않고 제대로 대우받기를 원한다면, 무엇보다 서로를 배려하고 존중해야 한다. 부부가 서로를 이해하고 아끼고 사랑하지 못하고 철천지원수 대하듯 헐뜯고 싸운다면, 어찌 남에게서 존중받을 수 있겠는가. 부부 사이에는 예의가 필요하다. 그 근본이 바로 상대여빈이다. 이런 이유로 학생들에게 부부간 근본도리로 '상대여빈하라' 고 주문한다.

"부부 사이의 근본도리가 무엇인지 아는가? 상대여빈-서로 대하기를 마치 손님 모시듯 하라."

누구나 자신의 집에 찾아온 손님은 최선을 다해 모신다. 비록 다소 불편하고 기분이 상하더라도 막돼먹은 언행으로 손님을 대하지는 않는다. 부부는 전생에서 이어진 인연을 현생에서 다시 맺은 이들이다. 그러니 부부 서로 손님 모시듯 예의를 다해야 한다.

내가 이런 말을 하면 학생들은 '뭥미?' 라는 뜨악한 표정이다. "이

대명천지에 선생은 왜 전근대적인 부부관을 가질 것을 요구하지? 도대체 저 고리타분한 생각을 우리더러 따르라는 거야?" 겉으로 내색은 하지 않지만 젊은 학생들의 속마음은 이런 생각으로 가득 차 있을 것이다. 학생들의 표정을 살피면서 '상대여빈 - 상호존중'이라 적고는 말을 이어간다.

상대여빈을 다른 말로 풀어쓰면 상호존중이다. 부부간 갈등의 주된 원인은 거친 언행이다. 서로 친밀하다는 이유로 부부 서로 거칠고 정제되지 않은 말과 행동으로 상대를 함부로 대하고, 결국 서로의 마음에 돌이킬 수 없는 상처를 내고 만다. 처음 만나 사랑할 때는 서로 마치 죽을 것처럼 간절히 매달리던 부부가 정작 가정을 이루고 살면서는 원수처럼 다투고 싸우면서 산다. 더러는 서로의 관계가 영영 회복되지 못하고, 결국 파경을 맞기도 한다. 부부가 현생에서 인연을 맺었으면 서로 사랑하고 다독이면서 해로할 수 있어야 한다. 자사도 강조하고 있잖은가? "군자의 도리는 부부 사이에서 비롯된다."고. 이 말을 무겁게 받아들여야 한다.

내 말을 학생들이 얼마나 이해하고 받아들이는지는 알 수 없다. 졸업 후 학교를 떠나면 학생들이 내 말에 따라 살고 있는지 확인할 길이 없다. 나와 인연을 맺은 학생들이 행복한 가정을 이루고 부부 서로 사랑하면서 살아가기를 바랄 뿐이다.

평소 아내에게 자주 '고맙다'고 말한다. 경상도에서 나고 자란 탓에 아내에게 '사랑한다'고 말하는 것은 도무지 낯간지럽고 어색하다. 그 대신 '고맙다'고 말한다. 이 말은 아내를 사랑하는 내 마음을 간접적이면서도 함축적으로 전하기에 적절하다. "고마워!" 이 말은 남편으로서 아내에 대해 가지는 솔직한 마음의 표현이다. 젊을 때부터 주관이 뚜렷한 남편을 만나 살면서 아내는 적잖이 속앓이를 했다. '고맙다'는 말은 남편의 까다로운 성격을 이해하고 받아준 데 대한 내 마음의 표시이다.

가끔 지인들은 아내에게 "채 선생같이 까다로운 남편하고 어떻게 살아?"라며 농담 반 진담 반으로 말한다. 그때마다 아내는, "남편은 호두 같은 사람이에요. 사람들은 남편을 아주 까다로운 성격을 가지고 있다고 하지만, 겉모습만 그럴 뿐 마음은 아주 부드러운 사람이에요. 사람들이 남편의 겉모습만 보고 내면을 보지 못한 거죠."라며 나를 두둔하곤 한다. 그런 아내가 고맙다. 나로서는 어떤 상황에서도 남편을 믿고 지원하는 든든한 후원자를 둔 셈이다.

아내를 만나 함께한 지 벌써 이십 년 이상의 세월이 흘렀다. 상대여빈-서로 대하기를 마치 손님 모시듯 하라! 어쩌면 우리에게 부부란 함께 있어도 늘 그립고 안타까운 연인과 같은 존재다. 서로를 가르치고 이끄는 스승이자 도반이다. 서로의 어깨에 기대어 함께 늙어가고, 두 손 꼭 잡은 채 한날한시에 이승을 떠나 피안의 세계로 떠나고 싶은, 우리는 부부다.

고운 네 얼굴만 바라보고

네가 웃으면 나도 웃고
네가 울면 나도 운다

이 기쁨 슬픔마저도
영원했으면 좋겠어

흐르는 시간,
화석으로 굳었으면 좋겠어

유혹하는 네 입술만 바라보고
달콤한 입맞춤에 성마른 목숨 걸고

삶에 지친 안식보다
무거운 두 눈을 감는다

마법에 취한 이대로
잠들었으면 좋겠어

아침 태양이
깨어나지 않았으면 좋겠어

너, 새벽안개에 취한 몽롱한 눈길로
나만 바라봐 주길 바래

나를 외면하는 너의 차가운 눈빛에
상처 입은 내 영혼 몸서리치는 가을

바람에 흔들리는 이 마음
꼭 안아 줄래

악다구니로 버티는 너를 향한 나의 연정
한 잎 낙엽으로 툭 떨어질지도 몰라

상심한 나의 사랑 네 발길에 바스라져
산산이 허공으로 흩어져 버릴지도 몰라

그럴지도 몰라

어둠 드리운 회랑에서 서성이는
두껍게 회칠된 내 존재의 불안이여

- 졸시 「너, 나만 바라봐 주길 바래」 전문

제12화

방하 - 놓아라, 버려라, 떠나라

                        방하放下 또는 방하착放下着이란 나 자신을 얽어매는 일체의 정신적·물질적 집착이나 번뇌에서 벗어나 깨달음에 이르는 정신 상태를 말한다. 불교의 선종에서 수행승이 깨달음에 이르기 위해 지녀야 할 마음가짐을 일컬을 때 이 말을 사용한다. 하지만 이 말은 비단 수행승뿐 아니라 세속의 삶을 살아가는 우리에게도 의미하는 바가 적지 않다.

    고입연합고사를 치르고 중 3 겨울방학 때 불교를 처음 만났다. 옥편을 찾아가며 한자투성이의 난해한 불교입문서를 읽었다. 백골관이니 불립문자니 하는 불교용어는 생소했지만 그 던지는 메시지는 강력하였다. 정신적 방황으로 서서히 지쳐가던 청소년기, 불교사상은 마치 번개처럼 뇌리를 강타하였다. 그러나 그뿐. 부처의 가르침은 나의 호기심을 자극하는 '하나의 관념'에 지나지 않았다. 그 관념은 나를 구하기는커녕 오히려 자아를 얽어매고 속박하는 거대한 장벽이었다.

    나는 다분히 관념적이었다. 머리로만 세상을 바라보고, 자연의 현상과 이치를 깨닫고자 하였다. 추상적인 관념에 집착하고 사로잡힐수록 몸은 야위고 지쳐갔다. 한창 활기차고 역동적으로 움직여야 할 열여덟 고 2 여름방학 때는 앉아있을 힘도 없었다. 온종일 방 안에서 누워 지내야 힐 징도로 쇠약해졌나. 머릿속은 알려야 알 수 없고 실타래처럼 얽히고설킨 생각으로 들끓고 있었다. 몸은 파김치처럼 늘어져 움직일 수조차 없었다. 나는 날로 시들어가고 있었다.

청소년기를 힘들게 한 정신적 방황은 스물예닐곱 살이 되어서야 잦아들었다. 정신적으로 나름의 깨달음은 얻었지만 그 대가는 혹독했다. 온몸의 기력은 고갈되었고 심한 후유증을 앓았다. 대학원에 들어가 학과 조교를 하던 때는 삼십 분 앉아있을 힘조차 없었다. 조교실에 앉아 행정업무를 보는 중에도 책상에 엎드려 있었다. 누군가 문을 똑똑 두드리면 그제야 일어나 학생을 맞고 일을 처리하였다.

병고로써 양약으로 삼으라!

「보왕삼매론」에 나오는 이 경구를 수없이 되뇌었다. 처음에는 내 몸에 닥친 병고에만 매달렸지만 서서히 타인이 겪는 아픔에 대해 성찰할 수 있는 힘과 여유가 생겼다. "중생이 아프면 보살도 아프다!" 이 말이 지닌 의미도 한순간 깨달음으로 다가왔다. 결과 중심의 사고에서 과정 중심으로 생각하고 실천하는 삶의 자세인 연기법을 체득하였다.

처음 만나는 사람들은 내가 아주 예민하거나 정신력이 약하다고 생각한다. 몸매가 호리하고 성격은 까칠한 듯 보이니 원칙주의자라 쉽게 접근할 수 없다고 여긴다. 그런 탓일까? 더러 덩치만 믿고 간혹 완력으로 나를 굴복시키려 하는 인사들이 있다. 단언컨대 그런 시도는 대부분 무모한 시도로 끝나곤 한다. 젊은 시절, 내 몸을 수단 삼아 삶과 죽음의 경계를 사유하고 성찰한 나를 굴복시킬 수 있는 방법은 오직 하나, 일물一物이다. '하나의 물건'도 갖지 못한 이는 나를 꺾을 수 없다. 그들은 나의 존경을 받을 수 없다. 더욱이 내 스승이 될 수는 없다.

국방부에 가면 온통 '별 천지' 듯이 대학에는 '박사 천지'다. 웬만큼 잘나지 않고는 대학에서 '나 잘났네'라며 명함을 내밀 생각은 하지 말아야 한다. 어설프게 잘난 체하거나 지식 자랑 했다가는 큰 코 다치기 십상이다. 교수들은 자기 자신이 세상에서 가장 똑똑하고 잘났다고 생각하는 경향이 있다. 그만큼 자부심과 자존감이 강하다. 이것은 남이 인정하고 말고의 문제가 아니다. 이미 그 수준은 떠난 문제다.

그런데 이것이 문제다. 지식이 많고 사회적 지위가 높다고 하여 반드시 내면이 잔잔한 호수처럼 안정되고 평화롭지는 않다. 겉으로는 언행이 격식에 맞고 부드럽지만 정작 자신의 내면은 안정되지 못하여 갈등과 번민으로 괴로워하고, 또 타인이나 세상과 불화하는 이들이 적지 않다. 평생 고도의 지식을 추구했지만 그 지식이 자신의 내면을 구하지는 못한 것이다.

학자의 삶은 상당히 의미 있고 영예롭지만 개인적으로는 감내해야 할 일이 적지 않다. 자신이 선택한 삶이니 지식을 추구하고 학문을 하는 과정에서 겪는 고통을 참고 견디는 일이야 자신의 몫이다. 그러나 무엇보다 학자는 타인과 함께하지 못하고 홀로 됨의 삶, 즉 고독을 즐기고 감내해야 한다.

만일 학자가 평생 동안 올곧게 학문을 동반자로, 연인으로, 친구로 삼는 자세를 가질 수 없다면 그의 삶은 무미건조하고 지겹기 그지없다. 오죽하면 한 번씩 아들 녀석이 농담 반 진담 반으로 나를 힐책하겠는가? "아빠는 무슨 재미로 사세요?" 하지만 외롭다고 이런 삶에서 벗어나고자 주변을 기웃거리기 시작하면 학자로서의 생명은 끝난다. 지식인의 사회참여는 바람직하지만 학자가 정치나 권력, 그리고 물질 같은 잿밥에 관심을 두는 순간 더 이상 수준 있는 연구 활동은 할 수 없다.

나는 평소 "나 자신을 구하지 못하는 지식은 죽은 시체에 불과하다."라는 생각을 가지고 있다. 나를 비롯한 대다수의 교수들은 '세상을 구하는 지식'을 추구한다. 그들이 하는 말을 들어보면 온통 세상을 구하려는 원대한 내용을 담고 있다. 물론 학자가 세상에 필요한 지식을 추구하는 것은 당연하다. 학자는 마땅히 그런 태도로 학문을 해야 한다. 문제는, 학자가 제아무리 세상을 구하는 지식을 추구한다고 할지라도 그 지식이 곧바로 '나 자신을 구하는 지식'으로 연결되지는 않는다는 사실이다.

제아무리 학식과 교양을 갖춘 학자들이 모인 집단이라고 할지라도 대학도 하나의 사회집단이다. 다양한 인간 군상이 수많은 사건을 일으킨다. 우리 사회의 고질적 병폐의 하나인 혈연, 지연, 학연은 대학 사회를 죽이는 적폐다. 3연緣에 이리저리 얽힌 패거리 문화가 동료 교수를 죽음으로 내몰기도 한다. 서로 대화와 타협으로 갈등을 해결하기보다는 상대방을 대상으로 고소와 고발을 일삼고, 급기야 소송도 불사한다. 문제는 여기서 그치지 않는다. 어떤 교수들은 내면의 갈등에 휩싸여 끊임없이 자살 충동에 시달리고, 각종 불안을 잠재우지 못하고 공부에 매달리다 일중독에 빠지기도 한다. 영원히 현직에 있을 것처럼 믿고 있다가 은퇴를 하고 나면 완전히 세상에서 고립되어 존재감 상실로 무력감에 빠진 교수들도 적지 않다.

왜 이런 현상이 일어날까? 그것은 바로 학자들이 방하 또는 방하착하지 못한 탓이다. 지식과 학문의 본질은 자유다. 학자는 지식과 학문을 통해 개인과 사회를 얽어매고 속박하는 제도와 현상에 대해 연구하고 분석한다. 그리하여 학자는 궁극적으로 모든 사람이 자유롭고 행복하게 살 수 있기를 바란다. 학자는 늘 깨어있는 눈으로 지식과 학문의 최전선에 서있어야 한다.

만일 학자가 자신이 추구하는 지식이나 학문에서 자유롭지 못하고, 그에 얽매여 평생 지식의 노예로 살아간다면 어떻게 될까? 지식 혹은 학문이 정신적·물질적 집착이나 번뇌의 수단이 되고, 정작 자신은 그에서 벗어나 깨달음이나 열반 혹은 해탈에 이르지도 못하고 있다면 어떻게 될까? 그런 상태에서 제아무리 세상을 구하는 원대한 포부를 지니고 끊임없이 지식을 추구해도 어떤 의미가 있을까? 또 그것이 가능할까?

방하 - 놓아라, 버려라, 떠나라!

모름지기 학자는 자신이 추구하는 지식과 학문을 놓고, 버리고, 떠날 수 있어야 한다. 스스로 놓고, 버리고, 떠날 수 없다면, 살아있는 지식이 아니다. '죽은 제갈량의 불알'을 잡고 시름한들 무슨 소용 있으랴. 자신이 직접 깨물고 비틀고 씹어서 맛볼 수 없다면, 내가 추구하는 지식이란 허공을 떠도는 구름과자에 불과하다. 학자들은 세상이 아니라 먼저 '나를 구하는 지식'을 추구해야 한다. 나 자신도 구하지 못하는 어설픈 지식으로 어찌 세상을 구할 수 있을 것인가. 나를 구하지 못하는 지식은 썩어 문드러져 죽은 시체에 불과하다.

제13화

국적은 바꿀 수 있어도 학적은 바꿀 수 없다

나를 아끼는 학계의 어느 선배 교수는 내게 말하곤 했다.

　　"채 교수는 말이지, 지방대 출신인데 정말 대단해."

나를 칭찬하는 말일까, 아닐까? 그분은 이런 말을 하고 싶었을 것이다.

　　"채 교수는 비록 지방대 출신이지만 서울의 유수한 대학 출신 못지않게 유능해."

선배 교수의 말대로 나는 지방대를 나왔다. 고교 시절 내내 정신적 방황으로 헤매고 다녔기에 도통 학교 공부를 제대로 해본 적이 없다. 대학에 가야 한다는 생각은 있었지만 내 머릿속에는 서열에 따른 좋고 나쁜 대학이란 인식 자체가 없었다.

대학에 들어가니 세 부류의 동기들이 있었다.

〔부류 1〕이 대학에 들어올 생각이 없었다(훨씬 공부를 잘했지만 운이 없었

을 뿐 사실 나는 이 대학에 다닐 사람이 아니다).

〔부류 2〕이 대학에 들어온 것을 후회하지 않는다(이 대학에 들어온 것은

나의 선택이었다).

〔부류 3〕아무런 관심 없다(학점만 채우고 졸업하면 그만이다).

나는 두 번째 부류의 학생이었고, 첫 번째 부류의 학우들과 대학의
선택을 둘러싸고 적잖이 논쟁했다. 나는 "국적은 바꿀 수 있어도 학적
은 바꿀 수 없다."는 논리를 내세웠다. 세 번째 부류의 학우들은 이러
거나 저러거나 관심이 없었다.

당시 내가 생각하는 좋은 대학(명문대학)과 그렇지 않은 대학(비명문대
학)의 기준은 간단했다.

"열심히 공부하고 가르치는 교수와 열심히 공부하고 배우는 학생이 있는

가 없는가?"

만일 열심히 공부하고 가르치고 배우는 교수와 학생이 있으면 명문
대학이고, 그런 교수와 학생이 없으면 명문대학이 아니다. 이 기준은
지금도 바뀌지 않았다.

대학원에 진학하고 평생 학자로 살려니 당장 출신 대학이 현실 문

제로 대두되었다. 소신은 소신일 뿐 현실은 냉혹하였다. 지방대 출신에 대한 차별의식은 견고한 철옹성과 같았고, 학문을 할 수 있는 여건도 열악하였다. 동학同學이 없다 보니 서로 경쟁하고 격려하며 배울 수 있는 기회도 부족했다. 학문을 하는데 필요한 정보를 얻기 어려운 점도 지방대 학생의 고충이었다. 고심 끝에 프랑스로 유학 가기로 결심했다.

외국유학이 오로지 현실적 판단 아래 내린 결정만은 아니었다. 공부하고자 하는 전공분야를 넓은 세상에서 보다 깊이 배우고자 하는 열망이 가슴 깊숙이 자리하고 있었다. 유학을 통해 정신적·지적 성장과 진보를 꾀하고자 하는 청년학도로서의 절실함이 있었다. 하지만 여러 이유를 떠나 내가 프랑스를 유학대상국으로 선택한 결정적 이유는 바로 지방대 출신이라는 주홍글씨를 희석시킬 '외국명문대 출신'이라는 새로운 학력이 필요했기 때문이다.

프랑스 유학은 생각처럼 호락호락하지 않았다. 말도 서툴고 생활환경도 낯선 이국땅에서 좌충우돌하면서 박사과정을 이수하고, 학위논문을 작성하는 과정은 형극의 길이었다. 어느 누구에게도 의지하고 기댈 수도 없는 상황에서 모든 일을 나 스스로 극복하고 해결해야 했다. 그런데 재밌는 사실은 오히려 그런 상황이 나를 내면적으로 자유롭고 살맛나게 만들었다. 프랑스에서는 내가 한국의 어느 대학 출신인가는 관심의 대상이 아니었다. 오로지 현재 내가 가진 능력과 행동에 따라 평가가 이뤄졌다. 이 당연하고도 역설적인 상황을 마음껏 누리고 즐겼다.

하지만 안타깝게도 내게 허락된 자유와 평화의 시간은 너무나도 짧왔다. 어렵사리 박사학위를 취득하고 귀국하자마자 또다시 학벌이라는 강고한 현실 장벽에 부딪혀야 했다. 학계에서 나를 아는 사람들은 아무도 없었다. 애당초 같은 대학 출신의 선배와 동기는 물론 후배도 없으니 학회에 가도 처음에는 외톨이로 지내야 했다. 선배 교수들에게 열심히 인사를 해도 다음에 만나면 내 이름과 얼굴을 기억하지 못했다. 그래도 할 수 없었다. 열심히 공부하고, 논문을 발표하고, 저서를 발간했다. 그렇게 최선을 다해 여러 해 노력하다 보니 서서히 'EU법=채형복'이란 등식이 성립되었다.

문제는 대학공채의 장벽이었다. 제아무리 열심히 공부하고 학회에 참가한들 교수공채는 또 다른 시스템으로 작동한다. 앞에서 끌어주고 뒤에서 밀어주는 국내 유수대학 출신이란 배경이 없는 나로서는 번번이 고배를 마셔야 했다. 어느 날 아내에게 말했다.

"나는 유럽통합법 전공자다. 유럽은 통합 과정에서 수많은 장벽을 극복하며 오늘날의 유럽연합EU을 건설했다. 그 법을 전공한 내가 학벌이라는 장벽을 극복하지 못한대서야 말이 되는가? 만일 이 장벽을 극복하지 못한다면, 나는 깨끗이 학문을 포기하겠다."

겸손하되 기죽지 않고 당당하고자 했다. 지방에 있는 대학은 물론 수도권에 있는 대학에도 과감히 지원했다. 매번 공채서류를 준비하고 공개강의를 하러 지방과 수도권의 여러 대학으로 가는 일은 여간 성가시고 힘든 일이 아니었다. 하지만 그보다 더 참기 힘든 일은 특히 수도권 대학의 지방대 출신에 대한 공공연한 무시와 차별이었다. 그럴수록 오기가 생겼다.

"당신들이 나를 무시하고 차별해도 좋다. 당신들의 대학에 지원하고 안
하고는 나의 자유이고, 선택이다. 평가는 당신들이 하라!"

수도권의 어느 대학에서 행한 면접이 생각난다. 1차 서류 평가에서
지원자 중 나만 통과했고, 2차 면접을 보러 오라는 연락을 받았다. 면
접을 보러 가기 전 모교의 은사님은 "모 교수는 내가 존경하는 분이니
찾아뵙고 인사드리라."고 주문했다. 어인 일인지 마음이 내키지 않아
'그분'을 찾아가지 않고 곧바로 면접장에 들어갔다. 면접장에는 심사
위원장을 맡고 있는 '그분'을 중심으로 학과 교수들이 좌우로 도열하
듯 앉아있었다. 면접은 '그분'이 주도하였다.

그분: 서류를 보니 지방대를 나왔군요.
나: 네, 그렇습니다.
그분: 지방대를 나왔으면 서울에 있는 대학원으로 진학하지, 왜 석사도
　　　지방대에서 했지요?

면접은 전공과는 무관하게 진행되었다. 연구자로서 어떤 가치관을
가지고 있는지, 학문을 대하는 태도는 어떠한지, 어떤 계기로 학문을
하게 되었는지, 앞으로 어떤 분야에 관심을 가지고 학문을 할 것인지
등에 대해서는 일체의 질문도 하지 않았다. 마치 면접은 '너는 지방대
출신'이라는 해묵은 관념을 주지시키고, '네가 감히 우리 대학을 넘

봐' 라는 식의 모욕과 굴욕을 주는 식으로 진행되었다. '그분' 이 그런 식의 면접을 하는 동안 다른 교수들은 고개를 푹 떨구고 서류나 뒤적이며 아무런 이의제기나 항변도 하지 않았다. 참 한심하기 그지없는 풍경이었다.

면접을 마치고 나오는데 학과장이 급히 따라 나오더니 차비라며 하얀 봉투를 내밀었다. 화가 치밀어 양복 안주머니에 밀어 넣고는 얼마인지 세어보지도 않았다. 지하철을 타고 친구를 만나러 이동하는데 비구니 스님 한 분이 목탁을 두드리며 탁발을 하고 있었다. '에랏! 더러운 돈, 좋은 일에나 쓰자' 는 심정으로 스님이 들고 있는 보시함에 봉투를 넣었다. 그로부터 며칠 후 이미 지원 서류를 제출한 아주대에서 연락이 왔다. 서류전형에 통과했으니 면접을 보러 오라고. "당신들도 마찬가지겠지." 자포자기하는 심정으로 면접을 보았다. 다행히 심사에 통과하여 가까스로 대학에 교두보를 마련할 수 있었다.

그 후 나는 아주대와 영남대를 거쳐 경북대로 옮겨 근무하고 있다. 대학에 자리를 잡았으니 나는 아주 운이 좋은 편이다. 내가 열심히 노력한 결과겠지만 애쓴다고 모두 교수가 될 수 있는 것은 아니다. 한국의 현실에서 대학이 아니고서는 학술연구자들이 자신의 전문 분야를 원하는 만큼 공부할 수 있는 안정적인 연구 환경을 확보하기란 쉽지 않다. 또한 국내외 박사가 쏟아지는 형국이니 지방대 출신이 대학에 자리 잡기란 날이 갈수록 어렵다. 최근 내가 근무하고 있는 대학에 지원하는 학술연구자들의 경력을 보면 입이 쩍 벌어진다. 웬만한 경력으로는 아예 명함도 내밀지 못할 정도다.

대학이 우수한 인재를 영입하고 채용하는 것을 나무라거나 탓할 수는 없다. 대학의 경쟁력은 우수한 연구자와 학자들에게서 나오니까. 그럼에도 소위 '지방대 출신'인 나는 최근의 대학현실이 우려스럽다. 학벌을 중시하는 풍조는 개선되기는커녕 오히려 날로 심화되거나 고착되고 있다는 인상을 지울 수 없다. 만일 이런 현상이 지속된다면, 앞으로 지방대 출신이 대학에 자리를 잡는 것은 더욱 요원한 일이다. 그렇다고 나날이 서울집중현상이 심화되고 있는 현실에서 지방대 출신자로 하여금 수도권 대학 출신자와 경쟁하여 일당백의 능력을 갖출 것을 요구하는 것은 무리한 일이고, 부당하다.

요컨대 연구자를 채용할 때 지방대 출신이라는 이유로 차별하지 않아야 한다. 학문이 발전하고 대학이 경쟁력을 가지기 위해서는 지역과 출신 대학을 묻지 않고 객관적이고 공정한 대우를 하는 채용 시스템을 확립하고, 제도화해야 한다. 또한 대학이 자치를 누리고 진정한 학문공동체로 기능하기 위해서도 연구자 상호 간 배제와 차별을 금지하고, 상생과 협력, 그리고 연대의 가치가 뿌리내려야 한다. 그래야 우리 사회도 대학과 더불어 성장하고 성숙하며 진보할 수 있을 것이다.

제14화

매 순간 태어나고 죽는다

生則死 死則生(생즉사 사즉생) 살고자 하면 죽을 것이요,

必生則死 必死則生(필생즉사 필사즉생) 죽으려고 하면 살 것이다.

『오자병법吳子兵法』에 나오는 오기吳起의 말이지만 이순신 장군이 왜군과의 전투에 앞서 부하장수들 앞에서 말한 것으로 널리 회자되고 있다. 생사의 갈림길에서 죽기를 각오하고 싸울 것을 독려하는 비장함이 온몸에 전율로 흐른다.

20대 초반 "인仁하고 인忍하니 인人하니라."를 좌우명으로 삼았다. 그 당시 나의 소원은 '사람'이 되어보고 죽는 것이었다. 仁과 忍을 '사람(人)'이 되기 위한 방편으로 삼았다. 군복무 시절 가끔 중대원의 정신교육을 맡았는데 한번은 이 좌우명을 풀어서 설명하였다. 교육을 마치니 후임병 한 명이 와서는 이 좌우명을 적어줄 수 있느냐고 하여 써준 적이 있다.

그 후 삶과 죽음을 대하는 나의 가치관과 태도에는 다소 변화가 있

었다. 물론 "죽기 전에 단 한 번이라도 사람이 되어보고 싶다."는 소원이 바뀐 것은 아니다. 내가 그토록 되기를 바라는 '사람'은 '깨달은 자', 즉 '각자覺者'이기 때문이다. 이 생을 마칠 때까지 나름의 깨달음을 얻지 못하고 죽음을 맞이한다면 애써 살아온 한평생이 어찌 허망하지 않겠는가?

기나긴 정신적 방황을 끝낸 20대 후반의 어느 날 나름의 깨달음을 얻었다.

즉생즉사卽生卽死 매 순간 태어나고 죽는다!

나의 오도송悟道頌이라고나 할까. 이 말은 생사를 건 전투를 앞두고 이순신 장군이 병사들에게 말한 생즉사 사즉생 필생즉사 필사즉생과 그 뜻이 다르지 않다.

이날부터 "매 순간 태어나고 죽는다."는 말을 좌우명으로 삼았다. 혹자는 이 말을 "내일(혹은 다음)은 없다."는 뜻으로 이해하여 왜 그리 삶을 지나치게 비관적 혹은 염세적으로 바라보느냐며 비판하거나 우려할지도 모르겠다. 하지만 나는 매 순간의 삶이 살아 숨 쉬는 '찰나의 순간'에 착목하고, 바로 지금 여기서 내가 호흡하는 이 순간, 즉 '현재성現在性'을 중시한다. 한마디로 나는 바로 지금 여기서 들이쉬고 내뱉는 호흡과 호흡 사이에 살아있을 뿐인 것이다. 내가 철저하게 '바로 지금 여기'라는 현재를 인식의 바탕으로 삼고 있는 근거는 불교의 유식唯識사상이다.

유식이란 '오직 識'이란 뜻이다. 우주 삼라만상의 모든 실체는 오직 마음이고, 그 대상인 우주 삼라만상은 모두 마음이 나타난 결과다. 따라서 유식관에 따라 수행하는 자는 '오직 마음뿐'을 화두로 삼아 제행무상 제법무아諸行無常 諸法無我를 깨닫고자 한다.

> 제행무상 - 변하지 않고 고정되어 있는 존재란 없으니 이 어찌 무상하지 않을 것이며,
> 제법무상 - 모든 존재는 인연으로 생겨나고 사라지니 변하지 않는 참된 자아 - 나 - 는 존재하지 않는다.

이 유식사상에 따라 삶과 죽음의 연기緣起에서 벗어난 참된 나眞我의 실체를 찾고자 애썼다.

장자莊子는 "성인聖人은 꿈이 없다."고 했다. 이 말은 여러 뜻으로 해석하고 이해할 수 있다. 성인인들 잠자는 중에 어찌 꿈을 꾸지 않을 수 있겠는가? 하지만 장자는 우리에게 꿈을 꾸되 그에 얽매이지 말고, 또 그 꿈에 얽매여 우리 자신이 살아있는 현실과 혼동하지 말 것을 부탁하고 있다.

장자의 이 말을 "매 순간 태어나고 죽는다."의 시각에서 바라보면 어떻게 해석할 수 있을까? 성인에게 꿈은 현실과 한 몸이다. 그러니 잠을 자든 잠자리에서 일어나든 의식 속에 그 꿈이 남아있을 리 없다. 그 꿈이 현실이고, 현실이 곧 꿈이다. 이런 경지에 있는 성인에게는 꿈이 없으니 이보다 더 냉철하고 명확한 현실인식이 있을 수 없다(제20화 꿈을 꿔도 좋을까).

참된 나를 찾는 과정에서 20대 초중반 정신세계에 깊은 관심을 가

진 적이 있다. 재야의 도사들을 만나 지식을 구하고 여러 종교를 순례하듯 탐방하며 생사에서 벗어날 수 있는 방법을 찾았다. 몸과 마음을 위하여 기공을 수련하고 호흡법과 명상을 배웠다. 그런데 참 재밌고 아이러니한 것은 정신세계를 찾아 떠난 여행의 종착역이 다름 아닌 애니미즘이라는 사실이다. 애니미즘은 가장 천대받고 무시받으며 살고 있는 우리 사회의 무속인들을 통해 전승되고 있었다.

무병巫病을 앓다가 신내림을 받고 평생 신을 모시고 살아가는 무속인들의 생활을 지켜보고 경험하면서 많은 생각이 정리되었다. 그제야 가족의 무탈을 위해 정한수 한 그릇을 장독대에 올려놓고 천신과 지신에게 빌고 간구하는 어머니의 마음이 이해되었다. 어린 시절 '과학적이지 못하다'는 이유로 어머니를 질책하고 비난한 내 모습이 부끄럽기 그지없었다. 비로소 나는 원시와 문명, 합리와 비합리, 과학과 비과학을 구별하고 구분 짓는 경계에서 벗어나 그 한계를 또렷이 인식할 수 있게 되었다.

드디어 오랜 세월 모질게도 내 마음(자아)을 억누르고 있던 생각을 내려놓았다. 방하착하니 온몸과 마음이 가볍고 경쾌하였다. 아무리 복잡한 문제라도 단순화시켜 바라볼 수 있는 힘을 갖게 되었고, 사람의 말이나 상황에 휘둘려 마음의 중심을 잃지 않는 여유도 가질 수 있었다. 마치 촛불이 자신의 몸을 태워 연소하며 세상을 밝히듯 '나'라는 존재의 사라짐은 아픔이나 슬픔이 아니라 기쁨이자 축복이며 행복이자 평안임을 깨달았다. 매 순간 태어나고 죽으니 매일 매 순간이 생일이요 장례일이다. 모든 존재(온 존재)는 생멸生滅하면서 깨달음을 완성해 가는 것이다.

즉자-즉아-적卽自-卽我-的인 삶을 사는 나는 생일이나 기념일 따위를 챙기지 않는다. 내가 이 세상에 태어난 날이 언제인지 관심도 없고 모르고 지나기 일쑤다. 아내가 굳이 남편인 내 생일을 챙기지 않는다 하여 질책하거나 서운한 마음을 가진 적이 없다. 오히려 아내에게 그에 얽매이기보다는 자유로운 삶을 살라고 주문한다. 아내도 처음에는 남편의 이런 생각을 받아들이기 힘들어 하더니 언제부턴가 나를 닮아 있다. 매일 매 순간이 생일이요, 기념일이니 구태여 특정한 날을 정하여 미역국을 끓이고 선물을 준비한다는 게 오히려 유치하고 부질없는 일이다(제23화 바로 지금 죽을 것처럼 사랑하며 살자).

바로 지금 여기서 살아 숨 쉬고 있는 나는 누구인가? 나는 어디로 가고 있는가? 이 질문에 대한 해답이 있다.

나(우리)는 매 순간 태어나고 죽는다. 꿈도 희망도 없다. 내일(다음)은 없다. 이렇게 인식하고 성찰하라. 그리고 실천하라.

지금 죽으나 나중에 죽으나 결국 죽는다. 이렇게 살까 저렇게 살까 미적거리다 후회하며 죽을 바에야 불꽃처럼 살다 죽자. 나를 태운 그 재마저도 바람에 날려 허공중에 흩어져 사라질 것을, 삶에 대한 티끌만큼의 미련도 남기지 말자.

제15화

한 걸음만 더!

　　　　　　　1990년 4월 10일은 우리나라 인권법 역사의 한 획을 긋는 날이다. 이날 대한민국은 국제인권규약에 가입하였고, 이 규약은 3개월 후인 7월 10일 국내에서 발효하였다. 그해 석사과정에서 국제법을 공부하던 나는 "국제인권법상 개인통보권에 관한 연구-자유권규약 선택의정서를 중심으로-"를 학위논문 주제로 정하였다.

　당시 한국사회는 우리나라가 규약에 가입했다는 사실뿐 아니라 개인통보권이 무엇인가에 대해 제대로 알고 있지 못했다. 이런 상황이니 자유권규약위원회에 개인통보(진정)를 할 수 있는 권리가 있다는 사실도 제대로 알려져 있지 않았다. 국제인권규약이 갓 발효한 때이니 국내에서는 이 주제에 관한 연구물이 없었다. 미국과 일본에서 유학하고 있는 지인들에게 문헌을 보내달라고 부탁하여 어렵사리 학위논문의 초안을 잡았다.

　연구 자료를 구하고 논문을 쓰는 것도 벅찬데 넘어야 할 또 하나의 거대한 장벽이 있었다. 바로 지도교수님이었다. 교수님은 인권에 관한 주제로 논문을 쓰는 것에 대해 처음부터 탐탁지 않게 여기셨다. 무모하게도 나는 교수님의 의사를 무시하고 스스로 주제를 정하고 일방적으로 논문 작성을 강행했다.

어렵게 초안을 작성하여 교수님께 읽어봐 주십사고 부탁드렸다. 하루 이틀 시간이 지나 급기야 한 달이 지나도록 연구실 책상 위에 놓인 원고는 그 자리 그대로 있었다. 하지만 불행 중 다행이랄까? 다른 두 분의 심사위원들은 박사학위 취득 후 갓 부임한 젊은 교수님들이었다. 두 분의 적극적인 지도로 겨우 논문을 마무리할 수 있었다.

두 분의 심사위원 중 한 분은 젊은 나이에 세상을 떠나신 헌법학자 신 아무개 교수님이다. 성정이 대쪽 같고 깐깐하기 이를 데 없는 분이었다. 석사학위논문을 제출하고 결혼 후 곧바로 프랑스 유학을 떠나기로 모든 일정을 잡았다. 그런데 교수님이 논문 제출에 대해 동의를 해주지 않았다. 나로서는 피가 마르는 순간이었다. 마침내 교수님은 "논문을 제출해도 좋네."라며 동의해 주었다. 1991년 12월 28일 오후 6시 - 결혼 하루 전 저녁이었다.

논문 파일을 후배에게 넘기고는 곧장 대구 시내로 달려갔다. 백화점 정문에서 아내가 초조한 모습으로 나를 기다리고 있었다. 내일이 결혼식인데 예복과 구두도 사지 못한 상태였다. 폐점 직전 겨우 물건을 샀다. 다음 날 결혼식을 올리고는 며칠 후 아내와 함께 미지의 땅 프랑스행 비행기에 몸을 실었다.

1990년대 초 한국에서 인권이란 '불온한 무엇'이었다. 인권을 공부하면서도 늘 '누구'에 의해 감시받고 있다는 불안과 두려움에 위축

되었다. 학문의 자유가 보장되어야 하는 대학 사회에서도 인권은 학문으로 자리 잡지 못하고 겉돌고 있었다. 인권을 학문으로 선택하는 순간부터 주류로부터 경계와 차별, 그리고 소외와 배제라는 불이익을 당할 우려가 있었다.

나의 선택은? 현실과의 타협. 다만 우회. 지방대 출신으로 인권을 공부하면 굶기 십상이라는 생각에 빵을 위한 학문으로 EU법을 선택하였다.

꿈과 이상을 지향하든 빵과 현실을 지향하든 학문은 형극의 길이다. EU법은 국내에서 전혀 배우지 못한 새로운 영역인데다 프랑스에서 그 나라 말과 글로 공부해야 했다. 천신만고 끝에 박사학위를 취득했다.

나도 이제 중견교수가 되었다. 학회에 가면 일면식도 없는 신진 연구자들이 내게 와서 인사를 하곤 한다. 그들이 이구동성으로 하는 말은, "교수님께서 쓰신 EU법에 관한 여러 책과 논문을 읽으면서 많은 도움을 받았습니다. 만일 교수님께서 쓰신 글이 없었다면 공부하는데 많은 어려움이 있었을 것입니다. 그 점에 대해 뵙고 감사의 인사를 드리고 싶었습니다." 그때마다 나는 "아니 외려 내가 고맙습니다. 이렇게 인사를 해주니 선배 연구자로서 힘이 나고 보람을 느낍니다."라며 대답한다. 학자에게는 최고의 찬사요, 보람이다.

주 전공은 EU법이지만 그동안 다양한 학문 분야에 관심을 가지고 공부하고 글을 써왔다. EU법은 물론 국제법, 국제경제법 및 국제인권법에 관한 전공 분야와 함께 최근에는 시 습작을 하며 법문학에 관한 글을 쓰고 있다.

학자에게 나이는 문제가 아니다. 아니 학자에게 나이란 형식에 지나지 않는다. 사고가 얼마나 유연하고, 또 세상의 안팎을 향해 열려있는가 하는 것이 중요하다. 사고의 유연성과 개방성은 학자의 자질을 판단하는 기준이다.

어느 학자의 사고가 유연하고 세상의 안팎을 향해 열려있다면, 그에게 나이란 그 사고를 성숙시키는 촉매제로 작용한다. 이와는 반대로 나이와 지위를 내세워 덕지덕지 아집과 고정관념, 권위주의와 허세에 사로잡혀 사고의 유연성과 개방성을 잃는 순간 학자의 생명은 한순간에 끝나고 만다. 비록 그가 원로교수 혹은 중견연구자라는 사회적 지위를 갖고 있어도 학자로서 그의 생명은 끝났다. 그는 살아도 산목숨이 아니다.

학자는 시대를 이끄는 최첨단 지식의 경계에서 한계의 삶을 사는 부류이다. 학자라면 모름지기 백척간두의 벼랑에서 늘 생명의 위협을 느끼고 삶과 죽음의 경계를 다투며 살아야 한다. 세상은 학자에게 그 경계나 한계에 안주하는 것을 허락지 아니한다. 세상은 학자에게 지금 서있는 그 자리에서 한 걸음 더 나아갈 것을 바란다.

백척간두 진일보百尺竿頭 進一步! 말이 쉽지 벼랑에 서는 것도 대단한 용기가 필요한데, 그 끝에서 한 걸음을 더 내디디라니. 그 한 걸음은 곧 죽음을 뜻한다. 평소 내공이 쌓여있지 않은 바에야 대부분의 학자들은 진일보하지 못하고, 자신만의 경계 혹은 한계에 갇혀 안주하고 만다.

한 걸음만 더! 그 한 걸음으로 살 수도, 죽을 수도 있는 것을. 그래도 한 걸음만 더! 학자인 나는 오늘도 세상을 향해 뚜벅뚜벅 외길을 걸어가고 있다.

제16화

나는 왜 시를 쓰는가

　　　　　누구나 가슴에 하나쯤은 소중한 꿈을 품고 있다. 남에게 드러내기에는 부끄럽지만 나 자신에게는 소중한 꿈-바로 시詩를 쓰는 것이다. 그 꿈을 현실에서 실천하기란 여간 어렵지 않다. 스무 살의 나이에 법학에 입문한 이후 줄곧 논리적이고 딱딱한 학문을 공부한 탓에 고도의 감수성이 필요한 시를 쓸 자신이 없었다. 차일피일 시간을 끌며 미루고 있던 사십 대 후반 어느 날 중대한 결단을 내렸다. "시를 쓰자!"

　처음 시를 쓴 게 초등학교 4학년, 11살 때였다. 형하고 심하게 다투고는 집에서 뛰쳐나와 마을 뒷산에 앉아 상한 속을 달래고 있었다. 망연히 산 아래를 보고 있자니 꼬부랑 허리를 한 방물장수 할머니가 머리에 무거운 봇짐을 지고 걸어가고 있었다. 천근만근 삶이란 무거운 보따리를 지고 걷는 그 모습을 보는데 울컥 설움이 밀려와 혼자 훌쩍였다. 그 느낌을 시로 풀어쓴 것이 앞에서 소개한 「나그네」다(제3화 길가의 들꽃에게도 배우라). 내가 쓴 최초의 운문인 셈이다.

사춘기가 시작된 중학교 시절 내면의 불안과 어지러운 생각으로 도무지 갈피를 잡을 수 없었다. 중학교 2학년 여름방학 마지막 날, 도회지에서 놀러 온 중 3 누나의 프러포즈를 받았다. 준비되지 않은 첫사랑은 처연했다. 그 괴로운 심사를 하얀 종이 위에 시로 찍어 내렸다.

습작이 모이면 국어선생님에게 들고 가서 시작법詩作法에 대해 지도받았다. 시골학교의 까까머리 남학생이 습작을 들고 찾아오는 것이 대견했음일까? 선생님은 시를 어떻게 쓰는가에 대해 친절하게 설명해 주셨다. 내가 시작법에 대해 가르침을 받은 처음이자 마지막 기회였다.

사춘기의 방황이 절정에 다다른 중학교 3학년 때 연합고사를 치르고 〈고등학교 때 해야 할 일과 하지 않아야 할 일〉을 작성했다. 일종의 목표이자 맹세였다.

하나, 문예반에 가입한다.
둘, 여자를 사귀지 않는다.
셋, 이것도 저것도 안 되면 입산 출가한다.

첫 번째 목표는 고등학교에 입학하자마자 근일점문학동인회에 가입함으로써 달성되었다. 어설픈 첫사랑의 아픈 추억 때문일까. 두 번째 목표는 고 3 때 열병처럼 찾아온 동갑내기 여자아이와의 사랑 때문에 절로 포기하였다. 세 번째 목표는? 이리저리 절과 암자를 떠돌며 입산출가자의 삶을 훔쳐보았는데 도저히 수행자로 살 자신이 없었다. 그 대신 '속세로 출가' 하기로 했다.

고등학교 시절 내내 제도권 교육에 안주하지 못하고 시를 쓴다(정확하게는, 문예반 활동을 한다)는 핑계로 밖으로만 떠돌았다. 글 쓰는 재주-문재文才-를 타고나지 못한 탓인지 변변한 시 한 편 쓰지 못하였다. 기껏해야 교내백일장에서 입선하는 정도였다. 그마저도 법과대학에 진학하여 딱딱한 법학을 배우고, 군대생활을 하면서 가슴 속에 남아있던 일말의 감성마저 메말라 버렸다. 대학을 마치고 학문의 길에 들어서면서 공부하고 또 현실의 삶을 살아가면서 습작을 할 마음의 여유를 갖지 못하였다. 하지만 가슴속에는 늘 '시를 쓰고 싶다'는 강한 열망이 자리하고 있었다. '시 쓰기'는 남에게는 드러내기 부끄럽지만 내게는 무엇보다 소중한 꿈이었다.

사십 대 후반의 나이에 접어들면서 더 이상 미루다가는 앞으로 영원히 시를 쓸 수 없을지도 모르겠다는 위기감이 물밀듯 밀려들었다. 시를 쓰지 못한 이유는 다양했다. 대작을 쓰고 싶다는 욕심, 시는 이러저러해야 한다는 고정관념, 내가 어떻게 시를 쓸 수 있을까란 소심함 등의 심사가 난마처럼 얽혀있었다. 가급적 생각을 단순화시키고, "나는 시인이 아니다. 내가 쓸 수 있는 만큼만 쓰자."며 용기를 냈다.

"모든 사람은 시인이다!"

시를 쓰기 시작하면서 내세운 모토다. 사실 이 모토는 시인으로서 자질과 능력이 부족한 나 자신을 변명하는 말이기도 하다. 내심으로는 누구나 시 한 수 가슴에 품고 살 수 있는 따뜻하고 평화로운 세상이 오기를 바랐다. 모든 사람이 시를 쓰는 시인으로 살 수 있다면, 이 세상에는 더 이상 시인이나 시가 필요 없으리라. 그렇게 간절히 바라고 기도하였다.

시를 쓰기로 마음먹고는 곧바로 노트북을 샀다. 그것을 들고 다니며 틈나는 대로 무조건 쓰기 시작하였다. 오십여 년을 살아오면서 가슴에 응어리진 감정과 회한을 마음껏 풀고 싶었다. 그 첫 결과물로 2012년 2월, 두 권의 시집 『늙은 아내의 마지막 기도』와 『우리는 늘 혼자다』를 동시에 출간했다. 전자는 주로 가족과 나의 어린 시절, 그리고 고향에 대한 추억을, 후자는 유학 이후 국내 현실로 돌아와 겪은 경험을 통하여 느낀 소회를 담았다.

그해 아버지께서 불현듯 세상을 여의셨고, 1년도 지나지 않아 어머니도 저승으로 가셨다. 부모님의 임종을 지켜보면서 다시 한번 삶과 죽음에 대해 성찰할 기회를 가졌다. 그 소회를 담아 2013년 3월 세 번째 시집 『저승꽃』을 펴냈다.

『저승꽃』을 출간하고는 곧바로 연구년을 맞아 프랑스, 캐나다, 일본으로 외유를 떠났다. 나를 얽어매는 경쟁과 업무에서 벗어나 자유로운 여행을 하고 싶었다. 하지만 삶은 계속된다. 여행도 삶이다. 외국을 떠돌면서 내면에 대해 보다 깊이 사유하고 성찰할 시간을 가졌다. 집으로 돌아와 여행 중에 틈틈이 습작한 시를 정리하여 2014년 네 번째 시집 『묵언』을 펴냈다.

묵언은

그저

말하지 않는 게 아니다

입말을 끊고

소리의 경계를 넘어선

득음

세상을 버리고

내면의 자유를 향한

투쟁

단절된 자신과의 대화

나는 누구인가

성찰이 필요할 때 묵언한다

- 졸시, 「묵언 1」 전문

　2014년 4월 16일 세월호 참사가 일어났고, 대한민국은 집단우울증에 빠졌다. 나 역시 한동안 한 줄의 글도 쓰지 못할 정도로 참담한 심경이었다. 마음을 추스르고 원고를 정리하여 2015년 다섯 번째 시집 『바람구멍』을 펴냈다. 시를 쓰고 읽으며 잠시나마 마음의 위안과 평안을 얻었다.

　하지만 그것도 잠시, 대통령을 비롯한 불의한 정치권력이 세월호 희생자와 유가족을 대하는 모습을 보면서 분노의 불길이 치솟았다. 국가와 국가 간의 관계를 다루는 국제법을 공부하고, 또 법적 정의를 학문의 지향점으로 삼고 있는 법학자로서 심한 자괴감과 부끄럼에 몸 둘 바를 몰랐다.

　국가란 무엇인가? 국가와 개인의 관계는 어떻게 설정되어야 할 것인가? 이 해묵은 주제에 대해 다시금 공부할 필요성을 느꼈다. 그래서

19세기 유럽 아나키스트들의 사상에 대해 공부하고 정리하여 인터넷 신문 〈뉴스민〉에 게재했다. 아나키즘에 관한 연재를 마치자마자 곧바로 해방 이후 국가권력에 의해 필화를 겪은 문학작품에 관한 자료를 수집했다. 그러고는 〈현장언론 민플러스〉에 연재하였다.

그 당시 나는 마사 누스바움이 말한 '시적 정의(Poetic Justice)'에 깊이 매료되어 있었다. 평소 '이성법학에서 감성법학으로'를 주장하던 나는 '법적 정의에서 시적 정의로'를 역설하며 활발한 집필활동을 하였다.

2015년은 야만의 시대였다. 노동자들은 해고되어 굴뚝으로 올라 고공투쟁을 하였고, 세월호 유가족들은 진상규명을 요구하며 절규하고 오열하였다. 이 사회에서 상처 입고 가난한 약자들의 눈물 어린 호소에 정부는 경찰을 동원하여 차벽을 치고 살수차가 내뿜는 물대포로 대응하였다. 급기야 백남기 농민이 경찰이 쏜 물대포에 맞아 의식을 잃고 병원에 있다가 영면하였다.

그해는 쉬 잠들지 못하는 날이 많았다. 온종일 연구실에 앉아 공부를 하면서도 분노로 온몸과 마음이 들끓었다. 그 분노를 담아 시를 썼고, 2016년 11월 여섯 번째 시집 『바람이 시의 목을 베고』를 펴냈다.

2017년 3월 10일 헌법재판소의 결정으로 박근혜 대통령이 탄핵되었다. 운명의 장난일까? 대통령이 구속되자마자 3년간 차가운 진도 바다 밑에 잠겨있던 세월호가 1,081일 만에 돌아왔다. 마치 한 편의 극적인 드라마나 영화를 보는 것처럼 우리의 현실을 지켜보면서 학자로서, 시인으로서 나는 글을 쓰고 또 썼다.

2017년 7월 21일 개인적으로 무척 기쁜 일이 있었다. 세종도서 문학나눔 시 부문에 『바람이 시의 목을 베고』가 선정된 것이다. 2016년 하반기 국내에서 초판 발행된 473권의 시집을 대상으로 심사를 하여 71권을 선정하였는데, 내 시집이 포함된 것이다. 나로서는 상상조차 하지 못한 일이었다. 나뿐만 아니라 나를 아는 문인들도 적잖게 놀란 모양이었다. '모든 사람은 시인이다!'를 모토로 시를 쓰기 시작한 지 만 5년 - 내게는 과분한 선물이었다.

시는 간결하고 함축적인 만큼 영혼의 울림이 크다. 또 시는 지치고 상처 입은 마음을 치유한다. 고해苦海와 같은 삶을 살면서 누군들 한 번씩 힘들고 고통스럽지 않으랴. 이때 한 편의 시를 쓰고 읊조리며 스스로 위무하면서 살아갈 힘을 얻는다. 누구나 가슴 속에 따뜻한 불씨 하나쯤은 품고 살아갔으면 한다. 그것이 시심詩心이면 더욱 좋겠다. 그런 마음을 품고 살아가는 누구나 이 사회에서 가장 아프고 가난하며 소외받고 있는 존재에게 따뜻한 눈길을 보낼 것이다. 비록 내가 쓰는 시는 거칠고 강할지라도 그 시가 현실의 삶에 지친 모든 존재를 따뜻하게 품을 수 있었으면 한다. 그런 마음으로 『바람이 시의 목을 베고』의 시제를 뽑은 졸시 「시선 10」을 바친다.

그날 밤

바람이 시의 목을 베고

시가 바람의 배를 갈랐다

차마 죽지 못한 서로의 모가지는

붉은 피를 뿜으며 로켓처럼 허공을 치닫고

펄떡이는 심장은 물 떠난 고기마냥

시멘트 바다을 미친 듯 날뛰었다

위장에서 소화되지 못한 사상이,

대장에 이르지 못한 관념이,

애증으로 버무러진 욕망과 뒤섞여

덩어리째 쏟아져 내렸다

소리치고 울부짖고 매달리고 사정하며

바람은 시를,

시는 바람을 원망하고 저주하고 비난하며 죽어 갔다

밤새도록 온전히 죽지 못한 바람이,

시가,

서로의 모가지를 부여안고

웅 웅 서럽게 울었다

제17화

세상이 채찍으로 너의 등짝을 세차게 후려치리라

사람으로 태어나 살아가는 이상 빈부귀천을 피할 수 없다. 요즘 회자되는 '금수저 흙수저론'이다. 누구는 금수저를 물고 태어나 평생 온갖 부귀영화를 누리고, 누구는 흙수저를 물고 태어나 갖은 고초를 겪으며 살다 죽는다. 참 억울한 일이 아닐 수 없다. 세상이 이렇게 불공평하고 차별적이라면 차라리 태어나지 않는 게 낫지 않았을까란 억하심정이 들기도 한다.

무능하고 가난한 부모를 원망하는 마음이 거친 파도처럼 밀려오고, 사회에 대한 적개심이 뜨거운 물 끓듯 북받쳐 오르기도 한다. 이 사회의 제도와 관행은 또 얼마나 정교하고 치밀한가. 내가 치고 올라갈 사다리가 없다. 99퍼센트의 사람들이 좌절하고 절망하고 분노하는 사회 -오늘날 대한민국의 민낯이 아닐까.

대학교수로 이 시대를 살아가면서 복잡미묘한 소회에 젖곤 한다. 내가 누리는 사회적·경제적 안정은 오롯이 나만의 노력에 의한 것일까? 이 자리를 차지하기 위해 치열한 삶을 살았고, 온몸과 마음이 누더기처럼 너덜해질 때쯤 전임교수가 되었다. 원한다고 누구나 교수가 될 수 있는 것도 아니니 개인적으로는 운 좋은 셈이다.

조상 삼 대가 치성을 드려야 자손 한 명 키운다 했으니 조상님 음덕인지도 모른다. 그래도 의문은 남는다. 자손의 복락을 원하지 않을 조상이 있을까. 우리나라 방방곡곡 양지바르고 경치 좋은 곳마다 숱한 묘지들이 자리 잡고 있다. 만일 그 묘지에 잠들어 있는 조상들의 간절한 염원대로 살지 못한다면, 오히려 자손들이 부족하고 못난 것은 아닐까. 이런 자조 어린 생각마저 든다.

인과응보 사필귀정因果應報 事必歸正

이 말은 불교의 윤회 혹은 연기법에서 나온 것이다. 인과응보란 전생에 지은 업보(선악)에 따라 현생의 행과 불행이 있고, 또 현생에서의 업보(선악)에 따라 내생의 행과 불행이 결정된다는 뜻이다. 우리 속담의 '콩 심은 데 콩 나고, 팥 심은 데 팥 난다'는 말은 불교의 인과응보를 반영하고 있다.

인과응보는 모든 일은 반드시 바른 길로 돌아간다는 사필귀정과 함께 읽고 이해해야 제맛이다. 죄를 지은 사람에게 우리는 흔히 이런 말을 한다. "죗값은 반드시 치르게 마련이야." 이런 사고에 따르면, 완전범죄는 있을 수 없다. 설령 자신이 행한 죄는 세상을 속일 수 있고, 발각되지 않는다고 할지라도 어떤 형태로든 죗값을 치를 테니까. 불교뿐 아니라 대부분의 종교에서는 권선징악을 강조한다. "사람은 무엇을 뿌리든지 그대로 거두리라." 기독교의 갈라디아서 6장 7절에 나오는 말이다.

고려시대 말 국사國師 나옹懶翁 선사는 「모기蚊」란 게송에서 인과응보의 원리에 대해 이렇게 읊고 있다.

어리석음이 깊어 자기 자신의 힘을 헤아리지 못하고
남의 피를 실컷 빨아서 무거워지니 날지 못하는구나.
남에게 빌린 물건은 본디 갚지 않을 수 없는 것이니
반드시 본래의 주인에게 갚아야 할 날이 있으리라.

모기란 놈이 한껏 빨아먹을 수 있는 피의 한도를 알지 못하고 실컷 흡혈하고는 배가 불러 날지 못하면 그 피의 '본래 주인'의 손찌검을 피할 수 없다. 그 피는 모기 자신의 것이 아니고 본래 주인에게 빌린 것이니 갚지 않을 수 있겠는가. 그 갚음이 곧 모기의 죽음이다.

인간의 어리석음과 욕심이 모기와도 같다. 부처도 인간에게는 세 가지 어리석음이 있으니 탐진치, 곧 탐욕, 분노, 어리석음이라고 한다. 깨달음을 가로막는 세 가지 큰 장벽이라는 뜻에서 세 가지 독, 즉 삼독三毒이라고 일컬었다. 우리가 제대로 깨닫고자 한다면, 무엇보다 탐욕(욕심)을 줄여야 한다. 인간의 욕심은 끝이 없어 불나방처럼 제 몸이 불타 죽을 줄 알면서도 횃불 속으로 뛰어든다.

인과응보 사필귀정에 대한 성찰은 바로 탐욕, 분노, 어리석음이라는 삼독에 대한 명철한 인식에서 출발한다. 불교가 말하는 윤회란 전생(업보-원인)-현생(결과-업보-원인)-내생(결과-업보-원인)이 되풀이되는 과정이다. 뫼비우스의 띠처럼 반복 순환하는 윤회에서 벗어나려면 어떻게 해야 할까?

방법은 단 하나. 내가 살고 있는 현생에서 악업을 행하지 말고 선업을 행해야 한다. 윤회의 씨앗인 업보(업장)의 근원을 깨닫고 단박에 잘라버려야 한다. 머뭇거리다가 늙고 병들어 죽어버리면 더 이상 기회는 없다.

좋다. 그 말을 모르지는 않는다. 도대체 어떻게 해야 하나? 그 방법은 뭔가? 불교 경전은 읽어도 어렵고 선사들의 오도송이나 게송은 구름이나 바람과 같아서 도저히 잡을 수 없다. 바르게 살고 싶어 여러 종교를 순례하듯 기웃거려 봐도 그 실체가 쉬 잡히지 않는다. 일찍이 부처는 사부대중이 겪고 있는 이런 고충을 알고 깨달음에 이르는 여덟 가지의 바른 길을 설하였으니 이를 팔정도八正道라 한다.

1. 정견正見: 바르게 보기
2. 정사유正思惟; 正思: 바르게 생각하기
3. 정어正語: 바르게 말하기
4. 정업正業: 바르게 행동하기
5. 정명正命: 바르게 생활하기
6. 정정진正精進; 正勤: 바르게 정진하기
7. 정념正念: 바르게 깨어있기
8. 정정正定: 바르게 삼매하기(선정에 들기)

인과응보의 원리를 깨닫고 사필귀정에 이르기 위해서는 바른 길을 찾아야 한다. 그 길이 팔정도다. 불교의 난해한 설명을 떠나 현실의 삶을 살면서 팔정도의 기본목록을 가슴에 새기고 꾸준히 실천하는 것만으로도 고집멸도(고통과 집착을 떠난 깨달음)의 언저리에 이를 수 있다.

누구에게나 삶은 힘들고 벅차다. 우리 사회가 모든 사람이 행복하게 살 수 있는 법제도와 환경을 마련하고, 각자가 존엄하게 살다 죽을 수 있는 복지정책을 실시하고 있다면 얼마나 좋을까? 불행하게도 우리 주변에서는 안타깝고 슬픈 죽음이 끊이지 않고 병고에 지친 이웃들이 아우성치고 있다. 연구실에 들어앉아 학문을 하면서도 자괴감으로 괴롭지 않은 날이 없다. 나 자신이 추구하는 학문이 사회적 약자가 겪는 현실의 고통을 구하지 못하고 공론空論에만 머물고 있지는 않은가? 이렇게 자책하면서도 내가 신인神人이 아닌 바에야 단박에 모든 문제를 해결할 방도가 있는 것도 아니니 참담한 노릇이다.

불의하고 불합리한 현실에 대해 저항하고 인민대중들의 연대를 통한 사회변혁과 개혁을 이룰 수 있다면 얼마나 좋을까? 하지만 이것은 또 다른 차원의 문제다. 개인의 삶은 모든 것을 개인에게 맡기기보다는 사회 혹은 국가 차원의 지원이 필요하고 사회 혹은 국가가 공적으로 책임을 져야 함은 분명하다.

문제는 현실과 법제도가 그렇지 못하거나 제대로 기능하지 못하고 있다는 것이다. 또 그런 환경이 갖춰지기 위해서는 많은 시간이 필요하다. 아직 익지도 못한 감이 홍시가 되어 내 입안으로 쏙 떨어지기를 기다릴 수만은 없는 노릇이 아닌가? 결국 삶의 문제는 일차적으로 나의 문제로 귀결된다. 내 삶의 주체는 남이 아니라 나 자신이니 내가 나만의 삶을 일구고 이끌어 가야 한다.

나는 사람들이 현실의 삶을 살아가면서 자신의 존엄성을 지킬 수 있는 최소한의 지식과 지혜를 갖추기를 바란다. 자신이 금수저가 아니라 흙수저를 물고 태어난 것을 한탄한들 무엇 하랴. 아무리 그래봐야 상황은 바뀌지 않는다. 그보다는 개인으로서 나 자신이 바르게 깨닫고 노력하는 것이 급선무다.

그 방편의 하나가 팔정도이다. 팔정도에 대해 깊이 생각하고, 현실에서 실천하는 과정에서 연대가 필요하면 서로 뭉치고 싸울 필요가 있으면 싸워야 한다. 자본과 권력의 강한 결속으로 중무장한 국가 중심의 사회체제에서 개인으로서 나의 삶은 전적으로 정치적이어야 한다.

오십 평생 살면서 깨달은 게 있다. 만일 내가 어리석어 바르게 깨닫지 못하고 실천하지 않으면 세상이 채찍으로 나의 등짝을 세차게 후려치며 가르친다. 이것은 개인에게만 국한되지 않는다. 사회와 국가도 마찬가지다. 개인이든 사회와 국가든 바른 깨달음을 얻고 이를 실천하지 못하면 흥망성쇠를 비켜갈 수 없다.

하지만 우선 개인으로서 '나'에 착목하자. 내가 지금 살고 있는 이 찰나의 순간에 바르게 깨닫고 실천하라. 다음에, 다음에 하면서 미루고 머뭇거리다 보면 반드시 윤회의 과보를 받는다. 현생을 제대로 살지도 못하면서 영생의 헛된 꿈을 품어서 무엇하리. 어제의 나는 죽었고 내일은 없다. 바로 지금 살고 바로 지금 죽어라. 그래야 현실의 삶을 의미 있게 살다가 후회 없이 죽을 수 있다.

제18화

만물은 서로 돕는다

       팔공산 자락에 집을 지어 이사하고 조그만 텃밭을 마련하여 농사를 지은 지 몇 년째 접어들고 있다. 주중에는 연구실에서 치열하게 논리를 추구하고 주말에는 공부에서 벗어나 텃밭농사를 짓는다. 어느 쪽이 재밌고 즐거울까 묻는 것은 부질없다. 두말 할 필요도 없이 후자다.

  시골에서 나고 자란 나는 도시가 낯설다. 생업을 위해 할 수 없이 도심에 살지만 도시에서의 삶은 마치 몸에 맞지 않은 옷을 입은 듯 도무지 어색하다. 고향을 떠나 실향민으로 도시에서 살고 있지만 수구초심 자연으로 돌아가는 삶을 꿈꿨다. 내게 도시란 고향이 아니다. 생업을 위한 일터이자 현장이라고나 할까.

  나는 시끄럽고 번잡한 환경을 견디지 못한다. 많은 사람들이 모이는 식당에 가면 정신이 없다. 음식을 입으로 먹는지 코로 먹는지 알 수 없다. 음식 맛을 느끼지도 못하고 먹는 둥 마는 둥 허둥지둥 식당을 나서고 만다. 이런 형국이니 노래방은 말하여 무엇 하랴. 사람들의 한 서린 고성과 기기가 쏟아내는 굉음은 노래나 음악이 아니라 소음 공해다. 어쩌다 노래방에 가면 밖에서 빙빙 돌다 슬그머니 사라져 집으로 오곤 한다.

도시에 살면 온갖 소음을 피할 수 없다. 아파트 중심의 가옥과 도로 구조가 그러하다. 집을 벗어나 도로에 나서면 나의 안전은 보호되지 않는다. 자동차의 폭력적인 주행과 소음, 매연으로 사람과 도시는 병들어 신음하고 있다. 그런 도시에 적응하지 못한 탓일까? 아무리 오래 도시에 살고, 세련된 옷을 입어도 내게서는 도무지 '까도남'의 냄새가 나지 않는다. 천생 나는 '촌놈'이다.

싫든 좋든 법학자로 살고 있는 이상 사회현상에 대한 고도의 지식을 추구하고 분석적·논리적으로 사고하지 않을 수 없다. 학자로 살고 있으니 전문분야의 책과 논문을 읽고 쓰고 학생들을 가르치며 사회활동을 한다. 게다가 세상은 법학자인 내게 요구하는 것도 많고 기대 수준도 높다. 아니, 어쩌면 세상이 아니라 나 스스로 사람들보다 높은 기대 수준을 설정하고 나 자신을 압박하고 있는지도 모른다.

학자로서 나는 책과 논문을 읽고 글을 쓰면서 늘 합리, 논리, 이성, 비판, 과학과 같은 관념에 억눌려 산다. 학생들을 가르치면서도 이러한 관념에서 벗어나 사고하고 발언하면 과감히 질책한다. 만일 내가 엄정한 법실증주의자라면 이러한 과정이 즐거울지도 모른다. 하지만 나는 다분히 자연법주의자, 자유주의자, 이상주의자다. 이성법학에서 감성법학으로! 이런 입장에 선 나는 이성이 불편하다.

유학을 마치고 귀국한 후 틈나는 대로 도시를 벗어나 인근 농촌지역의 땅을 보러 다녔다. 남편인 내가 '시골, 시골' 노래를 불러도 도시 생활에 익숙한 아내는 그리 흔쾌하게 전원생활을 동의하지 않았다. 나의 인내심은 한계에 이르렀다. 산골이라도 길만 닦여 있으면 누옥이라도 좋으니 사리라 마음먹었다. 벌레 한 마리가 나와도 무서워하는 아내에게 삐용삐용 경고음이 울렸다. 아내는 본능적으로 알았다. 고집불통인 남편이 앞뒤 재지 않고 도시를 탈출하여 귀촌을 결행할지도 모른다는 것을….

어느 봄날 아내가 제안했다. "팔공산 쪽이라면 괜찮겠다." 사실 나는 팔공산은 아예 염두에 두고 있지 않았다. 땅값도 비쌀뿐더러 구릉지와 들판이 있는 시골에서 자랐기에 높은 산으로 둘러싸여 있는 산촌은 친숙하지 않았다. 아니나 다를까. 팔공산은 집을 지을 수 있는 토지는 무척 비싸고 매물도 잘 없었다. 자포자기하는 마음으로 지나치듯 들른 부동산소개소에서 중개인이 물건 하나를 소개했다. 급매로 나온 토지였다. 세상일이란 전혀 예상하지 못한 상태에서 진행된다. 그날 우리 내외는 엉겁결에 계약서에 서명했다.

공부를 하다 지치면 세상의 모든 걱정, 근심과 시름을 내려놓고 작물을 심고 가꾼다. 땅을 파고 걸우고 땀을 흘린다. 농사를 지어 생계를 걱정할 필요가 없으니 땅이 주는 대로 거두고 먹는다. 농약 한 방울, 비료 한 톨도 쓰지 않는다. 풀과 잡초는 뽑고 잘라 제거할 수 있는 만큼만 관리한다. 우리 텃밭에서는 작물과 풀은 서로 기대어 산다.

"만물은 서로 돕는다."

러시아의 아나키스트 크로포트킨의 말이다. 아나키즘에 대해 공부하고 글을 쓰면서 상호부조에 대해 생각할 기회가 있었다. 지금도 이 주제에 대해 계속 성찰하고 있다.

텃밭농사는 다분히 관념에 빠진 나의 허약한 사고를 교정하는 훌륭한 스승이다. 땅은 내가 몸(육체)이란 도구를 사용하여 흘린 땀을 에너지로 사용하지 않으면 아무것도 주지 않는다. 땅을 딛고 치솟아 오르는 풀과 잡초들의 그 성성한 기운이란 얼마나 두려운지…. 그 땅을 적절하게 다스리고 타협하지 않으면 나와 땅 사이에 평화란 없다. 농약과 기계를 사용하여 땅을 완전히 굴복시키거나 아니면 내가 굴복하거나 둘 중의 하나다.

나는 전업농부가 아니다. 잠시 잠깐 텃밭에 머물며 작물을 가꾸는 텃밭지기일 뿐이다. 지나가는 마을주민들이 가끔 텃밭에 와서 끌끌 혀를 차곤 한다. 말끔하게 정리된 여느 텃밭과 달리 우리 텃밭에는 풀과 잡초, 작물이 함께 자란다. "아이고, 이를 우야꼬. 완전히 풀밭이네." 그럴 때마다 나는, "괜찮심더. 생기는 대로 먹을랍니더."라며 아예 입막음을 한다. 평생 농사를 지은 이들의 눈으로 보면 내가 짓는 텃밭농사가 한심하기 이를 데 없을 것이다.

사람들의 시각이나 평가와는 달리 나의 농사 실력은 해마다 일취월장하고 있다!(고 자평한다.) 작물의 가짓수도 늘어 없는 것 빼고 다 있다. 땅이 주는 대로 거두고 먹으니 스트레스나 욕심이 없다. 그저 뿌리고 심고 가꾸는 대로 주는 땅이 고맙기만 하다. 지금도 텃밭에는 풀과 잡초가 무섭게 자라고 있다. 그러나 나는 안다. 풀과 잡초, 그리고 작물이 서로 어깨를 걸고 기대어 살아가고 있다는 것을. 만물은 서로 도우며 산다! 텃밭은 이 자명한 이치를 확인하는 수행 도량이다.

제19화

나는 어떻게 무상심법을 체득했나

전기 덕분일까? 요즘은 도시는 물론이고 시골의 밤도 밝다. 오지가 아닌 이상 전기가 들어와 있어 시골의 골목길도 가로등이 훤히 밝히고 있다. 보행자의 편의나 안전 문제를 생각하면 까만 밤을 밝히는 전깃불이 고맙기 그지없다.

어릴 적 시골 밤은 칠흑 같은 어둠에 덮여있었다. 어떤 날에는 너무 깜깜하여 골목길을 걷다가 서로 피하지 못하고 부딪히기까지 하였다. 어른들의 에헴은 그저 젠체하기 위해 내는 소리가 아니었다. "내가 가니 조심하시오."라는 뜻도, 청춘남녀의 몰래 하는 상열지사를 배려하는 뜻도 있었다.

내 나이 아홉 살 때 마을에 전기가 들어왔다. 천장에 매달린 백열전등을 처음 보았을 때의 강렬한 느낌은 아직도 눈에 선하다. 전기가 들어오기 전에는 호롱불을 켜고 살았다. 철없는 나는 호롱불의 심지를 돋우어 불을 밝게 했다. 하지만 할머니는 불이 죽지 않을 정도로만 심지를 최대한 작게 돋우었다. 방 안은 늘 어두웠고 형제자매들은 꿩 새끼들마냥 오골오골 부대끼며 장난치고 얘기를 나누다 잠들곤 했다.

아무리 애를 써도 잠들 수 없는 밤이 있다. 아니 잠자고 싶지 않은 밤이 있다. 사춘기에 접어들면서 그런 일이 더욱 잦아졌다. 그럴 때면 휙 하니 집을 나서 산과 들로 치달렸다. 보름날과 밤안개가 절묘하게 어우러져 연출하는 그 몽환적인 광경을 어찌 한두 마디 말과 글로 표현할 수 있으랴. 그런 환경에서 자란 탓일까? 나는 어둠과 밤에 익숙하다.

하지만 더럭 어둠이 겁날 때가 있다. 삭풍이 몰아치는 한겨울 밤 유령처럼 일렁이는 나뭇가지와 마른 억새들이 쏟아내는 온갖 소리가 비명처럼 들릴 때, 앞뒤를 가로질러 사라지는 검은 물체를 보았을 때, 내 심장은 쪼그라들어 콩알만 해지곤 했다.

사람이 한번 겁에 질리고 불안과 공포를 느끼면 신경이 곤두서고 예민해진다. 걷고 있는데 앞이나 뒤에서 인기척이라도 있으면 절로 호흡이 가빠지고 극도로 긴장을 한다. 그 긴장이 폭풍처럼 심신을 훑고 지나가면 절로 알게 된다. 문제는 어둠이 아니라 자신의 내면 깊숙이 용트림하고 있는 사람에 대한 불안과 공포라는 것을.

사람이든 사물이든 어떤 대상에 대해 불안과 공포가 생기는 원인은 낯설기 때문이다. 날마다 대하는 가족이나 고향 길은 살갑고 친숙하다. 그런 대상에게 겁을 집어먹지는 않는다. 미지의 세상을 만나거나 생면부지의 사람을 만났을 때 우리는 그 대상이 무척 낯설고 생소하다. 왠지 경계하고 신경을 곤두세운다. 스르르 무장해제가 되는 순간은 서로가 안심할 수 있는 공통분모를 찾았을 때이다. 만나자마자 슬그머니 확인하는 고향, 나이, 출신학교는 서로의 공통분모를 발견하기 위한 우리의 무의식적(혹은 의식적) 행동이 아닐까?

애써도 돌아갈 수 없는 게 유년의 고향과 기억이다. 우리가 어린 시절의 추억에 잠기고 그것이 아름답다고 느끼는 이면에는 친숙함 혹은 익숙함이 있다. 주로 고향 친구로만 이뤄진 초등학교를 졸업하고 중학교에 들어가게 되면, 이제 친숙한 고향 친구들뿐 아니라 낯선 다른 마을의 친구들을 만난다.

10대 중반의 사내들은 분수처럼 뿜어져 나오는 남성호르몬을 주체할 수 없다. 주먹 꽤나 쓴다는 친구들은 서열을 확인하려 수컷들 특유의 힘겨루기를 시작한다. 휴식시간이나 방과 후 교사 뒤편 으슥한 곳에서 녀석들은 수시로 맞짱을 떴다. 그때는 때린 놈이나 맞는 놈 모두 멋있었다. 때린 놈도 별다른 죄책감이 없었고, 반대로 맞은 놈도 가슴에 별다른 앙심을 품지 않았다. 서로가 가진 힘의 크기를 확인하고 받아들였다. 승자와 패자는 분명했다. 승자는 패자를 못살게 굴지 않았다. 지금처럼 약자를 따돌리는 일은 좀체 없었다. 그것은 좀스럽고 폼 나지 않은 일이었기 때문이다.

나는 초등학교 저학년 때부터 졸업할 때까지 줄곧 학급 반장을 맡았고 우등생이었다. 그런 탓일까? 중학교에 들어가서는 반장을 맡는 게 성가시고 귀찮고 시시해졌다. '원하면 언제든 맡을 수 있는 게 반장'이라는 교만이 내면에 똬리 틀고 있었다. 반장을 전면에 내세우고 나는 '실세 부반장'이 되어 뒤쪽에 물러앉아 섭정을 했다. 학급 급우의 절반 이상이 같은 초등학교 출신이었기에 가능한 일이었다. 또래 친구들은 초등학교 때부터 내가 행사하는 무소불위의 권력에 길들여져 있었고, 중학교 들어와서도 나를 함부로 대하지 못했다.

제 아무리 덩치가 크고 학교 짱이라 해도 똑같았다. 상왕과도 같은 담임선생님의 권세를 위임받은 나를 무시할 수는 없는 노릇이었다. 아, 친구들아 미안. 지금은 학자연하면서 인권을 연구하고 가르치는 선생이지만 그 당시의 나는 권위를 앞세워 호가호위하는 졸장부였다.

중 2 열다섯 살의 삶은 신산하고 심란하였다. 모든 게 시시하고 재미가 없었다. 나는 산과 들을 걷고 헤매면서 떠돌았다. 머리에 가득 찬 의문은 실타래처럼 얽히고설켜 두 다리 두 발을 꽁꽁 동여매고 있었다. 나는 길을 잃고 헤맸다. 신열로 들뜬 얼굴은 늘 상기되어 있었고 두 눈에는 광기가 번득였다. 가슴이 아리고 쓰라렸고, 그리고 아팠다. 성적은 하늘과 땅만큼의 간극으로 요동쳤고 학교생활에 흥미를 잃었다. 삶의 좌표와 방향을 잃고 정처 없이 떠돌며 파도에 휩쓸려 사라지는 모래무지처럼 허물어졌다.

어느 순간부턴가 동급생들과의 경쟁을 접었다. 성적을 두고 나 잘났니 너 못났니 도토리 키 재기 식의 경쟁하는 모습이 우스웠다. 경쟁하는 마음이 아예 사라져 버렸다. 나 자신이 처해있는 현실을 외면하였고 내면의 세계로 숨어들었다. 그때의 나는 충분히 힘들고 아팠으므로 도피를 위한 변명거리는 차고 넘쳤다. 고상하고 이상적인 세상을 꿈꾸는 나는 군자인 반면 성적에 목매는 동급생들은 소인배였다. 현실에 살면서도 나는 그 현실을 부정하고 그에서 도망하였다. 소인배는 동급생들이 아니라 바로 나 자신이었다. 나는 도망자이자 비겁자였다.

20대 중반에 기공을 배웠다. '당산기공'이라는 대만의 어느 집안에서 전해지는 운동법이었다. 호흡과 명상, 그리고 기정신氣精神으로 이뤄진 몸에 대한 성찰은 들끓는 내면을 찬찬히 들여다볼 수 있는 기회를 가져다주었다. 정신세계에도 관심이 많아 무속인은 물론 재야의 숨은 도사들과 교유하였다. 기독교, 불교, 민족전통종교들을 찾아다니며 뇌리에 가득 차있는 삶의 이치와 의문에 대해 질문하고 토론하였다. 내 몸을 도구 삼아 수련하고 명상하였다. 몸을 버려야만 몸을 구하고 정신을 버려야만 정신을 구하는 이치를 깨닫고자 하였다. 나를 베어 죽여야만 나를 살리는 심법을 통해 세상을 베어 죽이고 살리는 이치를 깨닫고자 하였다. 비로소 나는 나 자신을 바라보고 이 세상과 맞장 뜨기 시작했다.

그때부터 날카롭게 벼린 내면의 총구와 칼날은 '너'와 '그'가 아니라 '나와 세상의 심장'을 겨누었다. 매 순간 나 자신은 물론 세상과 맞장 뜨느라 내 몸과 마음은 온갖 상처로 얼룩졌다. 어느 한 순간도 편하게 쉬거나 긴장을 늦출 수 없었다. 백척간두에 선 나는 한순간이라도 방심하면 천길만길 낭떠러지로 떨어질 각오를 해야 했다. 세상은 험지이자 정글이었고 전쟁터였다. 그런 세상은 늘 나의 목숨을 위협했고, 살아남기 위해 발버둥 쳤다.

헝클어진 실타래를 건네며 선사가 제자에게 지시했다. "이 실타래를 풀어서 처음부터 끝까지 가지런하게 이어 보아라." 선사의 명령에 제자는 실타래를 풀고 또 풀어 정리하려 하였다. 이리저리 헝클어진 실타래는 아무리 애를 써도 가지런하게 정리할 수 없었다. 애를 쓰면 쓸수록 실타래는 더욱 꼬였다. 제자가 선사에게 말했다. "아무리 애를 써도 실타래는 점점 더 꼬여 풀 수가 없습니다." 그러자 선사가 가위로 실타래를 단박에 두 동강으로 잘라버렸다. "자, 이제 한 올씩 이어

보아라."

이 우화를 읽는데 허망하니 헛웃음이 났다. "그 오랜 세월 동안 내가 무슨 짓을 한 거지?" 스스로에게 되묻는데 와장창 고정관념의 거울이 수천 수만 조각으로 깨져 사방으로 흩어졌다. 내 눈은 밝았지만 진리를 보지 못했고, 내 귀는 밝았지만 복음을 듣지 못했다. 두 손 두 다리는 튼튼했지만 타성에 젖어 움직이고 걷지 않아 근육은 퇴화되어 있었다. 머리로만 이해하고 관념에만 의지한 나는 어리석었다. 바보였다.

나와 세상을 베고 자를 때는 인정을 두지 말고 단박에 해치워야 한다. 베고 자를 바에는 명줄을 따버리든가 심장을 곧장 겨누고 찔러야 한다. 지레 겁먹을 필요 없다. 세상에는 잘나고 강하고 센 척하는 사람들이 널려있다. 하지만 한판 붙어보면 생각만큼 잘나고 강하고 센 놈은 없다. 한판 붙을 때는 제대로 맞장 떠야 한다.

호흡은 깊고 길게 고르게, 사고는 진중하되 행동은 민첩하게. 망설이거나 머뭇거리면 기다리는 것은 죽음뿐. 평생 비겁자로 살다가 죽기는 싫다. 나는 매일 매 순간 진검승부하며 산다. 매 순간 나와 세상의 목을 베고 자른다. 나와 세상을 죽이기 위해 베고 자르는 것이 아니다. 나와 세상을 살리기 위해 베고 자른다. 내가 날마다 쉬지 않고 수행하는 무상심법이다.

제20화

꿈을 꿔도 좋을까

장자가 말하였다. "성인은 꿈이 없다."

장자의 이 말은 나를 심각한 고민에 빠지게 만들었다. "성인은 꿈이 없다니? 성인도 사람인 바에야 어찌 꿈이 없을 수 있을까. 나는 밤마다 꿈꾸고, 더러는 악몽에 시달리기까지 하는데…." 꿈에서 벗어나지 못한 나는 장자의 말에 절망하였다.

이십 대 초중반 우리 민족 고유의 전통사상의 원류란 무엇일까에 대해 의문을 품었다. 여러 문헌을 찾아 읽었고, 무당으로 불리는 무속인(샤먼)들과 교유하고 그들의 삶을 경험할 기회를 가졌다. 삶에 대한 애환과 고통을 안고 많은 사람이 무속인을 찾았다. 이를 계기로 무속인들이 어떻게 꿈을 해석하는가를 주의 깊게 지켜볼 수 있었다. 무속인들의 꿈에 대한 접근은 프로이트식의 해석방식과는 판이하게 달랐다.

사람들은 꿈에 관심이 많았고, 그 꿈에 따라 일희일비하였다. "꿈을 어떻게 해석하고 받아들여나 하나?" 의문을 품었다. 기공 수련과

선禪, 그리고 요가에 바탕을 둔 명상은 꿈을 해석하는 능력을 키우는 데 많은 도움이 되었다. 신기하게도 남의 꿈 이야기를 들으면 곧바로 그 뜻이 명확하게 이해되었다.

대학교 3학년 때 "나의 주인은 나다! 나는 이제 신과의 결별을 선언한다!"며 주체선언을 하였다. 그때부터 정신적 혹은 영적 분야에 대해서는 관심을 두지 않았다. 꿈은 과학이 아니라 신神의 영역이라고 생각했기에 꿈에 대해서는 진지하게 생각해 보지도 않았다. 하지만 인간은 꿈을 꾸지 않을 수 없다. "과연 꿈을 꿔도 좋을 것인가"에 대한 나의 생각을 밝힌다.

장자는, "성인은 꿈이 없다."고 한다. 그의 말을 좀 더 인용해 본다.

"장자가 말하기를, 성인은 깊게 생각하지 않으며 미리 계획하지 않으므로 잠을 자면 꿈을 꾸지 않고 깨어 있을 때에도 근심하지 않는다. 그의 정신은 순수하므로 혼은 흩어지지 않는다."

유학자인 진사원은 『몽점일지』에서 장자의 이 말을 "모두 헛된 담론이다."라며 한마디로 일축한다.

진사원의 말에 대해 나 역시 묻는다. "과연 그런가?" 공맹을 믿고 따르는 유가儒家의 입장에서 노자와 장자의 사상을 이해하는 데는 한계가 있었을 것이다. 그 한계는 꿈을 바라보고 이해하는 서로의 관점의 차이일 수도 있고, 사유의 수준 차이일 수도 있다.

"꿈을 받아들이면 꿈은 우리 마음을 치유해 준다."

테레즈 더켓은 『꿈은 말한다』란 책의 서문(프롤로그)에서 말한다. 이 말은 꿈을 분석하여 심리치료에 활용하려는 현대심리학이 지향하는 목표를 분명하게 제시하고 있다. 이 말에 이어서 더켓이 부연한다.

"사람은 모두 꿈을 꾼다. 그러나 잠에서 깨어났을 때 꿈을 기억해서 삶에 도움을 주려면 기술이 필요하다."

그 기술로 많이 이용되는 것이 이른바 '투사'와 '꿈 일기'다. 문제는, 어느 기술을 이용하든 고도의 전문화된 기술이 필요하다는 것이다. 일반인으로서는 꿈에 매달려 또 다시 꿈에 지배당하는 습관에서 벗어날 수 없다. 그 습관에서 벗어나려면 또 다시 심리치료사의 도움을 필요로 한다. 그러니 섣불리 투사든 꿈 일기든 시도하지 않는 게 좋다.

프로이트 이래 심리학자들은 수면 아래 잠겨있는 거대한 빙산의 밑동에 해당하는 인간의 무의식을 해석하기 위해 꿈에 관심을 가지고 연구하였다. 최근에는 과학적인 기법을 이용하여 렘수면을 관찰하고 인간의 내면에 잠재해 있는 무의적 욕구를 밝혀내고 있다. 하지만 꿈을 이용한 심리학의 발전에 지대한 공헌을 한 융은 단호하게 말한다. 꿈을 해석하고 이를 통해 삶의 긍정적 에너지로 활용하기 위해서는 무엇보다 꿈에 사로잡히지 않는 몸과 마음을 만들어야 한다. 그 방법으로 융은 요가, 태극권 및 명상을 제안한다.

최근 뇌과학과 심리학에서는 렘수면 시 나오는 뇌파인 세타파, 그리고 알파파와 베타파의 경계 상태인 트랜스수면에 대한 관심이 높다. 렘수면이든 트랜스수면이든 인간이 개척하지 못한 무의식세계를 이해하고 이를 활용하려는 시도라고 할 수 있다. 요가나 태극권, 또는 명상 수련을 해보면 알 수 있지만, 초보자는 가부좌를 틀고 앉아 5분 여를 버티기가 쉽지 않다. 인간이 자신의 의지를 이용하여 의식을 통한 입정入靜에 이르기 위해서는 고도의 수련이 필요하다는 것을 반증하는 사례이다.

이에 반해 숙면의 상태인 렘수면 또는 트랜스수면은 심신이 건강한 상태라면 밤마다 누구나 쉽게 경험할 수 있다. 뇌과학이 발달하면서 현대 심리학은 의학 및 과학 등과 접목하여 누구나 자신의 꿈을 지배하고, 이를 통해 삶의 긍정적 에너지를 얻음은 물론, 심리 치유의 효과까지 얻을 수 있다고 말하고 있다. 그 방법으로 대부분의 저서와 심리학자들이 제안하는 기법이 바로 '꿈 일기를 쓰라'는 것이다. 『나의 꿈 사용법: 진정한 나를 마주하기 위한 꿈 인문학』을 쓴 고혜경이 대표적이다. 하지만 단적으로 말하건대 이 제안은 무책임하고 무모하기 짝이 없다.

고도의 명상 수련 등을 통해 정기신이 안정되지 못한 사람들은 꿈 일기를 쓰느라 제대로 잠잘 수 없다. 그런 상태로 계속 꿈 일기를 쓴다면 종국에는 불면에 시달리거나 정신분열증에 걸려 일상을 지속하기 힘든 상태에 빠져들 수도 있다. 학술적 목적이나 치료 목적이 아니면, 또 전문가의 지도가 없는 상태에서는 절대로 꿈 일기를 써서는 안 된다. 이것이 나의 첫 번째 결론이다.

다음은, 꿈의 해석과 치유 방법 및 그 효과에 관한 것이다. 꿈은 개인과 집단이 태어나 성장하고 살아가는 환경에 강한 영향을 받는다.

미국인과 한국인이 같은 뱀 꿈을 꾼다고 할지라도 그 해석이 다를 수밖에 없는 이유다. 또 치유의 방법이 다르니 그 효과도 달리 나타난다. 결국 꿈에 대한 해석은 본인, 즉 자기 자신이 가장 정확하게 할 수 있다. 그러나 일반인들은 그럴 능력이나 지식이 없고, 또는 체계적으로 교육이나 훈련을 받지 못했으므로 전문가들의 힘을 빌릴 수밖에 없다. 어설프게 꿈꾸고 이를 해몽하고 해석하는 데 매달려 시간과 돈을 낭비해서는 안 된다. 그럴 바에야 차라리 밤새 꾼 꿈은 즉시 잊어버리는 게 낫다.

사람들은 흔히 예지몽이라 하여 꿈이 자신의 미래를 암시하고 예견하는 기능을 한다고 굳게 믿고 있다. 예로부터 이를 현몽 또는 선몽이라 부른다. 각종 종교나 설화에서 이에 대해 말하고 있는 사례는 차고 넘치니 사람들의 믿음이 틀렸다고 볼 수도 없다. 하지만 이에 대해서도 단호하게 말한다. 예지몽이든 개꿈이든 섣불리 꿈에 매달리지 말아야 한다.

설령 예지몽을 꿨다고 할지라도 그 꿈을 제대로 해석하여 미래의 일에 대해 적절한 대응책을 마련하는 게 생각처럼 쉽지 않다. 오히려 예지몽의 부작용이 만만찮다. 그 꿈에 얽매여 사람들이 모든 일에 대해 소극적으로 대처하는 자세를 갖기 십상이기 때문이다. 아침에 어머니들이 흔히 자녀들에게 그러잖는가? "애야, 밤에 잠자리가 뒤숭숭하던데 차 조심해라." 현대 도시사회에서 집에서 길거리로 나서는 순간 자동차뿐 아니라 자전거, 오토바이를 비롯한 문명의 이기로 인한 수많은 위험이 도처에 도사리고 있다. 어머니의 자녀에 대한 걱정은 관심으로 받아들여야 한다. 자녀에게 안전에 대해 제대로 된 교육을 하는 게 꿈에 얽매이기보다 더 현명한 처사라고 생각한다.

융이 말했듯 꿈에 매달리느니 신체활동을 늘이는 게 더 낫다. 이것은 위에서 말한 정기신과도 관련 있는데, 정과 기의 보강과 강화를 통한 신의 기능을 활성화하는 기본 원칙이기도 하다. 만일 꿈을 활용하려고 한다면, 자격과 능력 있는 전문가를 만나 자신의 몸과 마음에 대해 성찰하는 법을 배워야 한다. 그리고 이를 통해 자연스레 꿈을 받아들이고 그 꿈을 삶의 지혜로 활용할 수 있어야 한다.

로스쿨 학생들을 데리고 요가명상지도를 한 적이 있다. 이때 학생들에게 누누이 당부했다. "부디 욕심내지 마라. 자신이 할 수 있는 만큼 하라. 명상을 할 때는 절대 눈을 감지 말라!" 이것은 의식 활동인 명상과 무의식 활동인 수면과의 본질적 차이점이기도 하다.

인간은 두 눈을 감지 않고는 잠들 수 없다. 수면을 위해서는 절로 두 눈이 감기고 트랜스 상태로 심신이 이완된다. 이와는 달리 명상은 의식이 깨어있는 상태이다. 다시 말하여 명상으로 의식이 깨어있으면, 우리의 의식은 활동 중이고 각성된 상태다. 명상을 할 때 두 눈을 감으면 집중에 훨씬 도움이 되는 것은 분명하다. 하지만 초보자들이 이 방법을 사용하는 것은 장점보다 단점이 훨씬 많다. 집중은 잘되는 대신 정기신의 활발한 활동으로 인해 자신이 감당할 수 없는 트랜스 상태에 빠져 오히려 정기신의 부조화로 돌이킬 수 없는 심리상태에 빠져들 우려가 있다.

그런 이유로 명상을 할 때 특히 초보자는 두 눈을 감기보다 반쯤 뜨고 편하게 전방을 주시하고 호흡하면서 정신집중을 하도록 해야 한다. 섣불리 욕심내어 무리하게 수련하다 보면 부작용(주화입마)으로 큰 어려움을 겪을 수 있다.

　명상의 수준이 높아지고 스스로 정기신을 조율할 수 있는 능력이 생기면 그때에 이르러서야 비로소 두 눈을 감아도 좋다. 이 수준에 이르면 명상을 하면서 절로 렘수면 혹은 트랜스수면의 상태가 된다. 잠자면서 꿈을 꾸되 자연스레 그 꿈을 받아들이라고 하는 것과도 일맥상통한다. 또 잠잘 때는 잠에 충실해야 한다. 어설프게 꿈 일기를 쓴다면서 숙면을 취하지 못하는 어리석음에 빠져서는 아니 된다.

　결론적으로 나는, "성인은 꿈이 없다."는 장자의 말에 한 표를 던진다. 그의 말은, "성인은 꿈이 없다."라기보다 "성인은 꿈꾸되 꿈에 얽매이지 않고 자유롭다."는 뜻이다. 섣불리 꿈에 매달려 고통받느니 그 꿈에서 벗어나 자유롭게 사는 것이 훨씬 지혜롭다.

제21화

위험하지 않으면 학자가 아니다

내가 유럽연합EU법을 전공하게 된 계기는 석사 시절 지도교수님 연구실 서가에서 『ヨーロッパ法』라는 일본책을 발견하면서부터다. "요로빠호? 유럽법이 어떤 법이지?" 호기심에 그 책을 뽑아 읽어보니 법과대학에서는 한 번도 배우거나 들어보지 못한 새로운 법체계였다. 도서관에 가서 EU법 분야의 문헌을 수집하고 정리하면서 결심했다. "EU법을 공부한 후 국내에 소개하자!"

내 성격이다. 어떤 일에 대해 치열하게 고민하되 일단 결심하면 추호도 망설이지 않고 결행한다. 결심이 선 이상 머뭇거릴 이유가 없다. 결혼 후 닷새째 되는 날인 1992년 1월 3일 아내를 데리고 집을 떠나 불모의 땅 프랑스로 갔다.

당시 내 불어 실력은 형편없었다. 대구 시내에 있는 알리앙스 프랑세즈에서 프랑스어 기초문법만 배운 상태라 초보 수준의 회화도 되지 않았다. 난생 처음 비행기를 탔는데, 에어프랑스 기내의 불어 안내 방송과 승무원들의 말은 모깃소리처럼 귓전에서 앵앵거릴 뿐 한마디도

들리지 않았다. 파리 샤를 드골공항에 내렸을 때 막막하기 그지없었다. 그때의 심경은 일종의 트라우마가 되어 지금도 가슴 한구석을 억누르고 있다.

인터넷이 없던 시절이라 아무런 사전 정보도 없이 시작한 유학 생활은 형극의 연속이었다. 더듬거리는 말로 묻고 헤매고 부딪히며 모든 상황을 혼자 개척해야 했다. 정확한 문장인지 아닌지 헤아릴 겨를도 없이 대학에 편지를 썼다. 신기하게도 여러 대학에서 입학 허가서를 보내왔다. 그 가운데 프랑스 남부 엑상프로방스에 있는 엑스-마르세유 3대학에서 유럽공동체법(Droit communautaire; European Community Law)을 공부하기로 했다.

1994년 봄, 박사 과정 수업의 일환으로 브뤼셀과 룩셈부르크에 있는 EU기관을 방문했다. 그 당시 나는 프랑스 생활에 적응하지 못하고 전공 수업을 따라가지 못해 적잖이 지쳐있었다. 방문 중 피곤하고 지쳐 유럽사법재판소 도서관 앞에서 잠시 쉬고 있었다. 그때였다. 갑자기 거대한 톱니바퀴가 서로 맞물려 굉음을 내며 돌아가는 환청이 들렸다. 그 순간 불현듯 번쩍이는 깨달음이 뇌리를 스치고 지나갔다. "아하, 유럽공동체 법시스템이 이렇게 작동하는구나!" 오도송이라도 읊고 싶은 심경이었다. 그날 이후 용기를 얻어 다시 치열하게 공부했다.

1997년 10월 18일 어렵사리 박사학위를 취득하고 귀국했다. 하지만 인생이 어디 마음먹은 대로 움직이던가. 귀국 2주 후 국제통화기금IMF 구제금융사태가 터졌다. 암울한 현실은 한 치 앞이 보이지 않았다. 진퇴양난의 기로에서 한 번 더 결단을 해야 했다. 몸과 마음을 추스르고 미래에 대한 계획을 세웠다. 제아무리 현실이 어려워도 뚜벅 뚜벅 학문의 길을 걸어가기로 했다. 아래 원칙은 그때부터 전임교수가 될 때까지, 그리고 지금까지도 학문을 하는 기본자세로 지키고 있는 것이다.

첫 번째 원칙: 한 주에 아홉 시간 이상의 강의를 하지 않는다.

대다수의 유학생들이 그러하듯 나 역시 박사학위 취득 후 귀국할 때 수중에는 무일푼이었다. 귀국하자마자 아내가 직장을 구하여 생계를 책임져야 할 정도로 상황은 절박했다. 그러나 평생 학자로 살기로 작정한 이상 아무리 현실이 어렵더라도 고통에 맞서 싸우며 굳건히 버텨야 했다. 나의 선택은? 오로지 연구에 전념하는 것 외에 달리 할 수 있는 일이 없었다. 외부 강의를 줄이고 논문과 저술 작업에 집중하기로 했다. 일단 한 학기 아홉 시간의 강의를 맡으면, 다른 대학에서 출강 제안이 오더라도 정중하게 거절하였다. 개인마다 상황이 다르므로 일반화할 수는 없다. 중요한 것은 개인의 용기와 결단, 그리고 배우자의 이해와 조력이 필요하다. 학문이든 삶이든 결국은 자신의 몫이자 선택이니까.

두 번째 원칙: 최소 10년 동안은 EU법 연구에 진력한다.

한 분야의 전문가가 되기 위해서는 '최소 10년, 만 시간' 이 필요하다고 한다. 이 법칙에 따라 박사학위 취득 후 흔들림 없이 최소 10년간 EU법 연구에 몰두하기로 결심했다. 귀국 후 학회에 가서 "EU법을 전공했습니다."라고 소개하면 별다른 반응이 없었다. 그만큼 국내에서 EU법은 생소한 학문 분야였다.

나를 알릴 길은 활발한 연구 활동뿐이었다. 1년에 한 권 이상의 학술저서 발간을 목표로 열심히 글을 썼다. 그리하여 박사학위 취득 후 10년 동안 『EU반덤핑법』(2000), 『EU통상법』(2001), 『EU관세법』(2004), 『유럽연합법』(2005), 『유럽헌법조약』(번역서, 2006), 『유럽헌법론』(2006) 등의 저서를 출간했다. 이런 노력 덕분에 서서히 학계에 이름을 알리고 입지를 확보할 수 있었다.

세 번째 원칙: 기성의 편견과 차별적 관행에 굴복하지 않는다.

귀국하여 대학에 자리를 잡으려니 또 다른 어려움에 봉착했다. 우리 사회의 고질적 병폐인 학벌이 거대한 장벽이 되어 앞을 가로막고 있었다. 말로만 듣다가 온몸으로 부딪히고 겪어보니 지방대 출신이라는 사실이 서럽기 그지없었다.

어느 날 아내에게 선언했다. "만 40세까지 대학에 자리를 잡지 못하면 공부를 포기하겠다." 아내는 동의하지 않았다. 나는 다만 전제를 달았다.

"유럽통합은 온갖 편견과 차별적 관행을 경감, 해소 또는 철폐하고, 이를 극복하는 과정이었다. 그 법체계를 공부한 내가 나를 가로막고 있는 어려움을 극복하지 못하고서 어찌 유럽통합법을 전공했다고 할 수 있겠는가?

만 40세 될 때까지 최선을 다해 노력해 보겠다. 그래도 현실의 장벽을 넘지 못한다면 차라리 전공한 학문을 깨끗이 포기하겠다."

부러질지언정 굽히지 않는 자존심 강한 나의 결심이었다. 겸손하되 당당하고자 했다. 불의하고 불합리한 관행과 차별을 겪으면서 학자로서의 소양과 가치관도 더욱 단단해져 갔다. 내가 처한 모든 현실을 텍스트로 삼고 배우고자 했다. 어차피 한 번 사는 인생, 노예가 아니라 주인으로 살고자 했다.

네 번째 원칙: 위험하지 않으면 학자가 아니다.

지식은 위험하다. 지식의 속성이 그러하다. 그 지식을 추구하는 지식인은 위험한 화약을 다루는 사람들이다. 그 지식을 제대로 다루고 통제하지 못하면 자신뿐 아니라 이 사회를 통제 불능의 상태에 빠뜨리고 만다.

또한 지식은 현실에서 살아 움직이는 유기체와도 같다. 내가 배우고 체득한 지식이 시대를 이끌지 못한다면 나는 죽은 지식을 배운 것에 지나지 않는다. 지식이 현실에서 살아 움직이고 진보하기 위해서는 먼저 나 자신이 변해야 한다. 변화는 수정이나 변경이 아니다. 과거의 나를 죽이고 현재의 나를 살리는 것이다. 현재의 나로 하여금 미래의 새로운 나를 이끌어야 한다. 요컨대 나의 본질적 변화-이것이 지식의 본질이다. 그 변화를 이끌어내는 것이 지식인의 사명이다.

살불살조. 부처를 만나면 부처를 죽이고, 조사(스승)를 만나면 조사를 죽이라! 참 결연하고 섬뜩한 표현이다. 하지만 학자는 모름지기 이런 정도의 결기를 가지고 공부해야 한다. 학자는 현실의 편안함에 안주하지 말고 늘 자신을 경계하고, 사회의 현상과 본질을 예리하게 주시해야 한다. 그리고 몸소 실천해야 한다. 나 역시 여전히 부족하지만 수행승이 가지고 있는 구도의 자세를 잃지 않으려 애쓰고 있다.

다섯 번째 원칙: 나 자신이 추구하는 학문의 가치에 따라 살고 죽는다.

학자로서 내가 추구하는 학문적 가치는 '자유, 인권, 평화'이다. 인터넷언론 〈뉴스민〉에 아나키즘에 관한 글을 연재한 것도 이 가치와 맥락이 닿아있다. 2014년 세월호 참사가 일어났을 때 참담한 마음을 가눌 수 없었다. 한동안 글 한 줄 제대로 쓰지 못하다가 국가와 개인의 관계를 재정립하자는 생각에 아나키즘을 다시 공부하고 글을 쓰기 시작했다.

젊은 시절부터 가지고 있는 소원이다. 한 번이라도 인간으로 살다 죽자. 평소 이런 생각으로 살고 있다. "내일(다음)은 없다. 오직 살아 숨 쉬는 '현전現前의 나'만 존재할 뿐이다." 입버릇처럼 "나는 불꽃처럼 살다 바람처럼 사라지리라." 말하곤 한다. 세속적으로 교수라는 지위를 얻었고 하고 싶은 일을 하면서 살아왔다. 또 그렇게 살고 있으니 삶에 대한 일체의 미련이 없다. 학자로서 활동하는 남은 시간 동안 '자유, 인권, 평화'라는 학문적 가치를 얼마나 실현할 수 있을지는 알 수 없다. 오직 최선을 다할 뿐이다.

여섯 번째 원칙: 상상한다, 고로 나는 존재한다!

그동안 여러 권의 시집을 냈다. 세상에 드러내기는 한없이 부족하다. 그래도 용기를 낸 것은 나 자신만이 아니라 우리에게는 시적 상상력이 필요하다고 봤기 때문이다.

마사 누스바움이라는 철학자가 있다. 미국 시카고대학 로스쿨에서 〈법과 문학〉이란 강의 내용을 모아서 책으로 내었는데, 그 제목이 『시적 정의(Poetic Justice)』다. 그녀는 엄격한 법 논리와 이성으로 판결을 내리는 법관들에게 문학적 상상력을 가지라고 요구한다. 종국에는 모든 법관들이 시인-재판관, 재판관-시인이 되어야 한다고 주장하고 있다.

데카르트는 『방법서설』에서 코기토 에르고 숨Cogito, ergo sum, 즉 "나는 생각한다. 그러므로 나는 존재한다."고 했다. 비슷한 말이지만, 개인적으로는 다음 말이 우리에게 더 절실하다고 생각한다. 솜니오 에르고 숨Somnio, ergo sum. "나는 상상한다. 그러므로 나는 존재한다."

누구나 자유롭게 상상하고 꿈꿀 수 있어야 한다. 고도의 창의성과 창조성이 요구되는 학문 활동에 있어서는 더더욱 자유롭게 상상하고 꿈꿀 수 있어야 한다. 아무런 제한 없이 상상하고, 그 상상이 학문 활동으로 실현될 수 있어야 한다. 아니 학문을 떠나 누구나 가슴에 한 조각 시심詩心을 품고 살 수 있으면 좋겠다. 시심을 품고 있는 모든 사람은 시인이다. 우리 모두 시인의 눈으로 세상을 바라보고 시인의 가슴으로 세상을 품었으면 좋겠다. 모두가 시인으로 사는 세상은 참 따뜻하고 포근할 것이다.

제22화

병고로써 양약을 삼으라

"몸에 병 없기를 바라지 말라. 몸에 병이 없으면 탐욕이 생기기 쉽나니,
그래서 성인이 말씀하시되「병고病苦로써 양약을 삼으라」하셨느니라."

「보왕삼매론」은 열 개의 경구 중 이 말을
첫 번째로 시작한다. 어릴 때부터 허약했던 나는 이십 대를 보내며 이
경구를 얼마나 많이 암송했는지 모른다.

불가佛家에서는 생로병사, 즉 태어나 늙고 병들고 죽는 것을 인간이
겪어야 하는 네 가지 고통四苦이라 한다. 모든 존재는 태어난 이상 늙
고 병들고 죽는 것을 피할 수 없다. 태어남生은 원인이고, 늙음老, 병듦
病, 죽음死은 결과다. 생로병사는 인연이요, 연기다. 생로병사를 기승
전결로 보면, 생은 기起이고, 노병사는 승전결承轉結이다.

문제는 네 가지 고통인 생로병사를 관념적으로 도식화하고 이해한
다고 해서 삶의 고통이 쉽게 극복되거나 잊히지 않는다는 점이다. 누
구는 건강하게 백세 장수를 하고, 누구는 태어나기도 전에 또는 태어

나자마자 병들어 고통 속에서 죽기도 한다. 세상사란 게 얼마나 비정하고 불공평한가. 태어나 늙고 병들어 죽는 것도 서럽고 두렵다. 하물며 태어나 삶을 꽃피워 보지도 못하고 고통과 불안 속에서 죽어가는 어린 생명(영가)의 짧은 삶을 어떻게 받아들이고 위로할 수 있단 말인가?

네 가지 고통에 대응하는 것으로 네 가지 고귀한 진리로 불리는 사성제四聖諦가 있다. 곧 고제·집제·멸제·도제로서 고집멸도苦集滅道라 한다. 인간이 네 가지 고통을 겪는 이유는 삶에 대한 강한 욕망渴愛(갈애) 혹은 집착에 있으니 이를 다스리고 깨달음의 길로 나아가야 한다는 뜻이다. 고집멸도도 연기다. 고가 없다면 집멸도도 없다. 소승불교는 기본적으로 네 가지 고통(사고)을 바탕으로 사성제를 성찰하고 실천하는 데 중점을 둔다.

삶에 대한 허무와 무상을 벗어난 깨달음을 니르바나(열반) 또는 법열法悅이라 한다. 이러한 상태에 이른 사람을 아라한 혹은 각자覺者, 즉 깨달은 자라 부른다. 마치 그물을 벗어나 허공중을 자유롭게 날아다니는 새와도 같은 깨달음에 이른 그들은 생사의 윤회를 벗어난 자유인이다.

나는 깨달은 자유인이 되고 싶었다. 새처럼 자유롭게 아무런 걸림도 없는 생사의 세계를 활공하며 날고 싶었다. 하지만 몸과 정신을 가지고 태어난 이상 어느 누구도 병고에서 벗어날 수 없다. 소크라테스는 독약을 마시고 죽고, 예수는 십자가에 매달려 죽었다. 공자는 물론 깨달음의 세상에서 자유자재하던 부처마저 병고를 피하지 못하고 죽었다. 모두 늙고 병들어 죽는다! 이보다 더 눈물겨운 진리는 없다.

유학을 마치고 돌아왔을 때 내 몸은 만신창이가 되어 있었다. 머리부터 발끝까지 성한 데가 없었고 아프지 않은 곳이 없었다. 군대에서 얻어맞은 가슴팍은 늦가을 찬바람이 돌기 시작하면 극심한 통증이 찾아왔다. 그 고통으로 밤새 자지 못하고 끙끙 앓았고, 낮에도 속울음을 삼키며 참아야 했다. 내 가슴팍을 우악스럽게 때리던 '하늘을 나는 북극곰'이란 별칭을 가진 보령 출신의 김 모 병장이란 놈의 험상궂은 얼굴이 절로 떠올랐다.(잘 살고 있냐, 이놈아!)

군대 훈련 중 다친 왼쪽 엉덩이의 고관절도 수시로 어긋났다. 그때마다 찾아오는 통증은 대단했다. 숨 쉴 때마다 바늘로 살을 찌르는 듯한 극한의 통증으로 앉거나 설 수도 없었다. 제대 후 거실바닥을 엉금엉금 기어 화장실로 가는 막내아들을 보며 어머니는 평평 눈물을 쏟았다.

마흔의 나이에 접어들자 허리가 아프기 시작했다. 정형외과에 갔더니 퇴행성이란 진단이 내려졌다. 요추 4번의 노화가 진행되어 뼈가 닳아버렸다는 것이다.

그즈음 역류성 식도염에도 걸렸다. 무절제한 폭음이 가져온 후유증이었다. 아침저녁으로 한 움큼의 약을 먹어도 식도를 타고 역류하는 위산은 제동이 걸리지 않았다. 총체적 난국이었다.

"이러다간 아무것도 할 수 없어. 모든 것을 잃을 수도 있어." 위기감이 물밀듯 밀려왔다. 몸을 돌보지 않고는 현실의 삶도 보장받을 수 없었다. 내 인생의 중대한 위기였다. 결단을 해야 했다.

단박에 술을 끊었다. 굳이 마시지 않아도 되는 것을 왜 그리 술에 꺼둘려 살아왔던가? 후회하였다. 건강 서적을 구해 읽고, 젊은 시절 배웠던 호흡법과 기공을 복기하며 내 몸에 맞는 운동법을 찾으려 애썼다. 섭생·운동·명상·생활습관의 개선을 건강의 기본원리로 세웠다. 그동안 머리 중심의 관념적 삶을 살아왔다면, 이제는 몸 중심의 실천적 삶으로 전격 전환하였다. 누우면 죽고 걸으면 산다! 이 말을 모토로 삼아 몸에 순응하고 몸에 따르는 삶을 살기로 했다.

경험이다. 누더기가 된 몸이 자연 상태의 몸으로 돌아오는 데는 적어도 2~3년의 시간이 필요하다. 건강이 회복되면 몇 가지 긍정적 신호를 보낸다. 아침에 일어날 때 몸과 마음이 가뿐하다. 낮 동안 공부하고 일해도 피곤하거나 지치지 않는다. 더러 피곤해도 잠시 눈을 붙이거나 쉬고 나면 금시 회복된다. 삼시 세끼 밥맛이 일정하고 과식이나 폭식을 하지 않는다. 오감이 열려 냄새에 민감하고 악취를 멀리하게 된다. 불면이나 불안이 사라지고 숙면을 취할 수 있다.

그러나 아무리 노력해도 한번 상하고 균형을 잃은 몸은 생각만큼 쉬 회복되지 않는다. 식도염이 완화되었다지만 여전히 목울대 부근이 뻐근하고 이물감이 있다. 퇴행성 허리는 운동하고 관리하지 않으면 언제든 통증을 일으킨다. 가슴팍의 통증과 고관절도 몸의 균형을 유지하기 위해 꾸준히 요가와 스트레칭을 하면서 주의하지 않으면 한 번씩 인내심을 시험하곤 한다. 매번 겪는 통증이지만 고통에는 면역이 없다.

존재로 태어난 이상 누구든 몸에 병 없기를 바랄 수는 없다. 성인은 말하기를, "몸에 병이 없으면 탐욕이 생기기 쉽다."고 한다. 물론 몸에 병이 없다고 하여 탐욕이 없어지기야 하겠는가. 아니 아예 탐욕에 얽매이지 않을 테니 몸에 병이 없었으면 좋겠다. 성인은 '병고로써 양약을 삼으라'고 하지만 병고가 아니더라도 양약으로 삼을 것은 많다. 왜 구태여 병고로써 양약으로 삼으라고 하는가?

젊은 시절 병고로 인한 통증에 시달리면서 마음속으로 이렇게 되묻고 반항하였다. 하지만 아무리 발버둥 치고 대들어도 병고를 피할 수는 없었다. 병고가 가져온 통증으로 신음하면서 그 병의 원인에 대해 곰곰이 성찰하고, 그 병고에서 벗어나기 위한 방책을 구하고 노력하며 실천하는 것만 못하였다. 운명은 왜 나에게만 이토록 가혹한가? 울분을 토하고 자책하고 좌절한들 병고로 인한 고통에서 벗어날 수 없었다. 가부좌를 틀고 앉아 호흡을 가다듬어 내면의 세계 깊숙이 내려가 보기로 했다. 달리 도리가 없었다.

중생이 아프면 보살도 아프다!

보살행을 일컫는 말이다. 병고를 겪으면 누구나 처음에는 '나'에 집착하고 매달린다. 이 또한 피할 수 없다. 먼저 나의 병고에서 벗어나는 것이 최상의 방책이니까. 하지만 나의 병고에 대해 성찰하게 되면, 서서히 '너'와 '그', '우리'의 아픔에 대해 공감하고 연민의 마음을 갖게 된다. '병고로써 양약을 삼으라'는 성인의 말씀이 체득되는 순간이다. 울컥 한 바가지의 눈물을 쏟고 나면 절로 마음이 고요하고 평안해지며, 평화와 기쁨의 물결이 밀려든다. 깨달음과 법열의 순간이다.

누구도 아프지 마라. 아니 아프지 말자. 나의 간절한 소원이다. 존재로 태어난 이상 인간은 병고를 피할 수 없다. 그렇다면 어찌해야 할

것인가? 그 병고를 양약으로 삼기를. 그를 통해 깨달음을 얻기를. 그
리하여 모든 사람이 그물에서 벗어난 새처럼 걸림 없는 자유인의 삶
을 살기를 간절히 바란다.

제23화

바로 지금 죽을 것처럼 사랑하며 살자

불가에 이런 말이 있다. "과거세도 없고, 미래세도 없다." 이 말은 "오직 현재세밖에 없다."는 뜻이다. 'Here & Now' 나는 지금 여기 있다! 지금 여기 있는 나라는 존재만이 유일할 뿐 과거와 미래의 나는 지금 여기 없다! 철저한 현전現前이자 현존現存이다.

얼마 전 어느 지인과 나눈 대화다.

지인: 채 교수는 인생의 좌우명이 있나요?

나: 젊은 시절부터 나름의 삶의 목표가 있습니다.

지인: 뭔가 대단한 것 같은데…. 뭔가요?

나: 죽기 전에 한 번이라도 인간이 되어보는 것입니다.

지인: ….

나: 전 평소 이렇게 생각하며 살고 있습니다. "불꽃처럼 살다 바람처럼 사라지자!" 양초를 예로 들어 볼까요? 양초는 자신의 몸과 영혼을 마

지막까지 불꽃으로 태웁니다. 그러고는 조용히 이승에서 바람처럼 사라져 갑니다. 전 그렇게 살다 가고자 합니다.

양초는 불꽃을 피우는 순간부터 마지막 순간까지 철저하게 지금 여기의 삶을 산다. 내가 세상을 밝힌다, 의미 있게 산다, 살았다는 일체의 집착도 없다. 오직 자신의 몸을 불쏘시개로 삼아 흔들림 없이 현재를 살다 간다(제14화 매 순간 태어나고 죽는다).

결혼 초 아내에게는 남편의 이런 가치관이 다소 황당하고 받아들이기 힘든 것 같았다. 사회에서는 늘 과거-현재-미래라는 시간의 도식 위에서 사고하고 움직인다. 그런데 남편이라는 작자는 도무지 이 도식에 따른 시간의 관념이 없다. 아니 통상의 시간관념과 경계를 뛰어넘어 사고하고 행동하니 더러 통제 불능이다.

예나 지금이나 아내는 남편인 내게 참 헌신적이다. 결혼하고 나서 첫해 아내는 남편의 생일상을 푸짐하고도 극진하게 차렸다. 그런 생일상을 받고도 남편이란 작자가 하는 말이, "앞으로는 생일상 차리지 마소. 생일은 나를 낳고 키워준 어머니를 위한 날이지 나를 위한 날이 아니니…" 이 말을 듣고 아내는 이렇게 생각했을지도 모른다. "혹시 이 양반이 나를 시험하는 것 아니야?" 하지만 처음에는 의아하게 생각하던 아내도 서서히 남편이 가진 가치관의 신봉자가 되었다.

이 생각은 비단 생일에 국한되는 게 아니다. 무슨 기념일이라 하여 이벤트를 한다, 선물을 준비한다, 이런 게 거추장스럽기만 하다. 이런 상황이다 보니 우리 내외는 결혼기념일이라 하여 별다른 행사를 치르지 않는다. 남들이 보기에는 무미건조하기 이를 데 없는 부부일지도 모르겠다. 하지만 특별한 날을 기념하여 사랑을 확인하기보다는 매일 매 순간 부부가 서로 아끼고 사랑하며 최선을 다해 사는 게 더 낫다.

내일(다음)을 기약하지 마라. 내일은 없다. 내일은 우리를 기다리지 않는다. 마치 지금 당장 죽을 것처럼 서로 사랑하며 살자. 사랑하며 살다 죽자.

제24화

당신은 어떤 마음에 점심하려는가

덕산선감德山宣鑑이라는 뛰어난 강학사講學師가 있었다. 속성은 주周 씨며 시호는 견성대사見性大師다. 그는 어려서 출가하여 계율을 숭상하고 모든 경에 밝았다. 그중에서도 특히 『금강경金剛經』을 강설하므로 사람들은 그를 주금강周金剛이라 불렀다.

하루는 덕산이 도반들에게 말하기를, "보살이 육도만행을 무량겁으로 하여야 성불한다고 하였다. 남방의 외도들은 마음을 가리켜 단박 성불케 한다고 하니 내가 그들을 소탕하여 버리겠다." 하고 길을 떠났다. 도중에 점심때가 되어 어떤 떡집에 들어가 점심을 청하니 떡을 파는 노파가 물었다.

노파: 그 걸망에 든 것이 무엇입니까?

덕산: 『금강경소金剛經疏(금강경에 대한 주석서)』요.

노파: 『금강경』에 "과거심불가득過去心不可得(과거의 마음도 얻을 수가 없고), 미래심불가득未來心不可得(미래의 마음도 얻을 수가 없다)"이라 하였는

데 스님께서 이제 점심點心하신다 하니 도대체 어떤 마음에 점심하
겠습니까?

　　덕산: ….

그는 노파의 물음에 대답을 못 한다. 노파의 지시로 그는 숭신화상
을 찾아 용담에 갔다. 용담사 법당에 들어가 이렇게 말했다.

　　덕산: 용담의 소문을 들은 지 오랜데 와서 보니 용도 없고, 못도 안 보이
　　　　는군!
　　숭신: 그대가 몸소 용의 못에 가 보았는가?
　　덕산: ….

그는 또 말문이 막혔다. 그날 밤 주지스님의 처소인 방장方丈에 가
서 늦도록 있다가 자기 방으로 가려 하니 바깥이 캄캄하였다. 다시 들
어갔더니 화상(용담숭신선사)은 초에 불을 켜 덕산에게 주었다. 덕산이
받으려 할 때 화상은 그 불을 훅 불어 꺼 버렸다. 그 바람에 덕산은 크
게 깨치고 화상에게 절을 하였다.

　　숭신: 자네가 무엇을 보았기에 절을 하는가?
　　덕산: 이제부터 다시는 천하 노화상들의 말씀을 의심하지 않겠습니다.

이리하여 덕산은 용담숭신의 법을 받았다. 이튿날 덕산은 평소에
지니고 다니던 『금강경소』를 불사르고 떠났다.

덕산 스님은 요즘으로 치면 뛰어난 학자요 지식인이다. 『금강경』에 관한 지식이라면 당대에 그를 넘어서는 사람이 없었다. 그런 그에게 '마음을 보아 단박에 깨닫는다'는 돈오돈수頓悟頓修에 바탕을 둔 중국 남방불교의 조사선祖師禪은 마구니(마귀)로 비쳤을 것이다.

어느 날 그는 남방의 마구니를 때려잡기 위해 길을 떠난다. 그런데 배가 고파 점심 먹으러 들른 곳이 노파가 운영하는 떡집이다. 번듯한 절講院(강원)도 아니요, 명성 있는 조사祖師(스승)도 아니다. 떡으로 요기나 할 양으로 들른 떡집에서 하필이면 늙어 주름이 자글자글한 노파를 만난 것이다.

그 노파가 "과거심불가득, 미래심불가득"이라는 금강경의 경구를 인용하며 그에게 돌발적인 질문을 던졌다. "스님께서 이제 점심하신다 하니 도대체 어떤 마음에 점심하겠습니까?" 이 질문에 덕산은 턱하니 숨이 막혀버렸다. 대답을 못 했으니 떡도 얻어먹지 못해 점심도 못 했다. 톡톡히 망신을 당하고 배만 쫄쫄 굶은 것이다.

비단 덕산의 문제만이 아니다. 지식을 추구하는 우리의 모습이 모두 그렇다. '나 잘났네, 너 못났네'라며 자신이 최고인 양 내세우지만 정작 밥 한 끼 구하는 지혜가 없다.

점심點心을 글자 그대로 풀이하면, 마음에 점을 찍는 것이다. 참 쉽고 간단하다. 우리는 아무런 생각 없이 매일 때가 되면 점심을 먹는다. 돈만 내면 언제든 원하는 때에 밥을 사서 먹을 수 있다. 매일 점심하는 것이다. 그런데 어느 날 당신은 떡집의 노파를 만난다. 그 노파가 묻는다.

"이제 점심하신다 하니 도대체 어떤 마음에 점심하겠습니까?"

당신의 대답은?

맞아도 몽둥이 세 방이요, 틀려도 몽둥이 세 방이다!

제25화

권리 위에 잠자는 자는 보호받지 못한다

"이 세상의 모든 권리는 투쟁에 의해 쟁취된다."

이 말은 오스트리아 빈대학 교수를 지낸 루돌프 폰 예링(1818~1892)이 쓴 『권리를 위한 투쟁』에 나오는 말이다. 교수로 재직할 때 그는 "인류에게 법학의 불을 가져다준 프로메테우스"라는 칭송을 들었다. 그의 강의는 늘 학생들에게 인기 있었다. 『권리를 위한 투쟁』은 1872년 그가 대학을 떠나며 한 고별 강연을 묶은 것이다.

이 책에서 예링은 일관되게 투쟁을 강조한다. 흔히 법학자와 법률가는 체제 유지를 위하여 보수적인 성향을 띠는 데 반해, 그는 사뭇 도전적이고 도발적이다. 예링은 단적으로 말한다. 법의 목적은 평화이지만 그 평화를 얻는 수단은 투쟁이다. 법을 위한 투쟁은 곧 권리를 위한 투쟁이다. 투쟁 없이 우리는 자신의 권리를 지킬 수 없다.

정의의 여신을 보라! 한 손에는 저울을 다른 손에는 칼을 들고 있다. 칼 없는 저울이 무슨 소용 있는가. 권리를 지키는 것은 내 인격을 지키는 것이다. 내 인격의 침해는 곧 이웃과 공동체의 권리가 침해당하는 것이다. 나 자신이 내 권리를 지키지 못하는 것은 곧 자신뿐 아니라 이웃과 공동체의 권리가 침해당하는 것을 지키지 못하는 것이다. 그러니 불법에 대해 저항하라, 투쟁하라, 권리 위에 잠자는 자는 보호받지 못한다!

법과대학에서 예링의 이 말을 배웠을 때 심장의 피가 거꾸로 솟는 듯 충격을 받았다. 법학이 지향하는 법적 정의는 법을 위한 투쟁이고, 권리를 위한 투쟁이 아닌가. 투쟁과 저항 없이 저절로 얻을 수 있는 정의도, 법도, 권리도 없다. 부당하고 불합리한 현실에서 법을 위한 투쟁은 곧 법에 대한 투쟁이고, 권리를 위한 투쟁은 곧 권리에 대한 투쟁이다.

법과 권리에 대한 투쟁은 법적 주체로서 나의 이익을 위한 것이자 공동체의 이익(=공익)을 위한 것이기도 하다. 또한 그것은 인격을 가진 존엄한 인간으로서 이 사회에서 평화롭게 살아가는 공동체를 위한 혹은 공동체에 대한 의무이기도 하다. 개인과 공동체가 가진 권리와 의무의 존중-그것이 바로 법적 정의를 실현하는 것이다.

불법에 저항하라! 투쟁하라! 권리 위에 잠자는 자는 보호받지 못한다!

예링의 이 말은 사회의 부정과 불의에 대해 한창 예민한 감수성을 가지고 있던 젊은 법학도의 가슴에 큰 울림으로 다가왔다. 물론 대학에서 법학을 공부한 때가 우리 사회의 민주화운동이 절정을 이루던

1980년대 중반인 것도 나의 법적 사고에 큰 영향을 미쳤다. 당시는 민주화를 열망하는 시대 상황과 분위기가 성숙되어 있었고, 대학에는 다분히 자유롭고 진보적인 학문 풍토기 조성되어 있었다.

또한 역설적으로 들리겠지만 헌법재판소가 설립되기 전이라 헌법을 배우고 토론하는 과정에서 정형적인 해석 원칙이나 기준에 얽매일 필요가 없었다. 헌법을 가르치는 교수나 배우는 학생이나 헌법재판소의 판단 기준에 얽매이지 않고 피차 자유롭게 질문하고 토론할 수 있었다. 이것은 내게 큰 행운이었다. 장 보댕의 국가주권론에서부터 루소의 인민주권론까지 헌법에 규정되어 있지 않는 사상과 이론을 마음껏 배우고 공부하였다.

하지만 학문은 학문, 현실은 현실이었다. 6.29선언으로 국내의 민주주의는 한 단계 성장했다고 하나 인권은 여전히 불온하고 위험한 분야로 인식되고 있었다. 그런 상황에서 대학원 석사 때부터 인권을 주제로 공부하고 학위논문까지 썼으니 그 과정은 험난하였다.

내가 언제부터 기본권 혹은 인권에 대해 관심을 갖기 시작했는가는 잘 알지 못하겠다. 1980년대란 시대상황이 법학을 공부하는 내게 인권을 공부하도록 큰 자극을 준 것만은 확실하다. 그러나 결정적 계기는 대한민국의 국제인권규약 가입(1990. 4. 10.)과 발효(1990. 7. 10.)이다. 그당시 대학원 석사 과정에 재학 중이던 나는 "국제인권법상 개인통보권에 관한 연구: 자유권규약 선택의정서를 중심으로"란 제목으로 석사학위논문을 작성하였다.

그런데 문제는 일반 시민들은 물론 학술연구자들조차 국제인권규약이 어떤 조약인지, 또 선택의정서에 규정된 개인통보권이 어떤 권리인지 전혀 알지 못하고 있었다는 사실이다. 나는 석사논문을 통해 이 권리에 대해 공부하고 일반에 알리고 싶었다.

석사학위 지도교수님은 내가 인권에 관한 주제로 논문을 쓰는 것을 달가워하지 않으셨다. 여러 번 주제를 변경했으면 좋겠다는 의견을 피력하셨지만 나는 주장을 꺾지 않고 밀고 나갔다. 그 와중에 큼직한 사건이 터져버렸다. 소위 '죽음서곡사건' 이다.

나는 대학원보에 「죽음서곡」이란 제목의 다분히 도발적이고 격정적인 현실참여시를 게재했다. 그 시를 읽은 지도교수님은 다른 교수님들에게 "형복이 쟈, 빨갱이다."라며 격분하셨다고 한다. 그때부터 내 이마에는 보이지 않는 붉은 글씨로 '빨갱이' 라는 낙인이 새겨져 버렸다. 문제작 「죽음서곡」은 이렇게 시작한다.

나는 매 순간 죽는다

죽지 않고 살기 위하여

죽으면서 살기 위하여

나는 매 순간 나를 죽이며

낄낄 웃는다

(…)

나는 안다

그들이 죽는 것을 얼마나 겁내는가를

살아서 외치는 함성보다

죽어서 흘리는 피가

어떻게 이 땅을 진동시키는가를

안다, 그들은

죽음은 해방이다

조국이다

민족이다

그리고 둘 아닌

하나 된 통일이다

죽음은

백두와 한라를 살리는 생명줄이다

피처럼

　민주화운동이 가져온 긍정적인 분위기 덕분일까? 대학원보는 대학원학생회에서 편집권을 가지고 있어 다행히 내가 쓴 시는 실릴 수 있었다. 하지만 그로 인해 겪어야 했던 불이익은 오롯이 내가 감당해야 할 몫이었다. 이 '필화사건'은 박사학위 취득 후 모교에 자리 잡지 못하고 여러 대학을 떠돌아 다녀야 했던 눈에 보이지 않는 이유가 되었다.

　예나 지금이나 약자들은 강자들이 휘두르는 힘과 권력에 맞서 싸우기가 쉽지 않다. 제아무리 외국에서 학위를 취득했다고 할지라도 지방대 출신은 서럽다. 출신 대학을 중심으로 눈에 보이지 않는 인맥으로 촘촘하게 얽혀있는 학계에서 처절하게 공부하고 노력하지 않으면 이름을 알릴 길이 없다.

　법대에 입학하면서 금과옥조처럼 가슴에 새긴 '법적 정의'도, "권리 위에 잠자는 자는 보호받지 못한다."는 법격언도 현실에서는 공염

불에 지나지 않았다. 내 권리를 보호받기 위해 싸우고 투쟁하는 순간 오히려 나는 영원히 대학에 자리 잡지 못하고 만다. 불합리하고 역설적이지만 현실은 구체적이고 실제적이다.

노력을 했든 아니면 운이 좋았든 나는 어렵사리 대학에 교수로 자리 잡을 수 있었다. 그 과정에서 우여곡절이야 왜 없었겠는가. 강단에서 학생들에게 법적 정의(legal justice)를 강조하던 나는 얼마 전부터 시적 정의(poetic justice)를 역설하고 있다. 한마디로 실정법 위주의 법학이 가지는 한계를 인식하고 법률가들은 법적 정의에서 시적 정의의 관념을 가져야 한다는 점을 힘주어 말하고 있는 것이다.

현실에는 아직도 기본적 인권을 보장받지 못하는 수많은 사람들이 있다. 입으로는 사회적 약자 혹은 소수자의 인권을 보장해야 한다고 떠들지만, 나는 사회에 적극적으로 나서 그들의 권리를 위해 직접 싸우지 못하고 있다. 말로만 법적 정의를 외치고 있지나 않은가란 자괴감에 늘 마음이 불편하고 부끄럽다. 만일 자신이 추구하는 학문의 바탕 위에서 불의에 맞서 싸우는 실천적 지식인으로 살아가면 부끄럼은 사라질까?

물론 대학에 몸담고 있으면서 사회불의에 눈 감고 귀 닫은 채 현실을 외면하고 있지만은 않았다. 경북대민주화교수협의회(경북대민교협) 의장을 맡아 나름 최선을 다했으며, 짧은 기간이나마 전국국공립대학교수노동조합(국교조) 경북대지부 초대지회장과 전국민교협 공동의장 등을 맡기도 했다. 이외에도 현실의 요청이 있으면 연구실을 떠나 동지들과 연대하여 기꺼이 투쟁에 동참하기도 하였다.

세상은 여전히 불공정하고 불평등하다. 사람들은 여전히 정의의 실현에 목마르다. 그럼에도 나는 현실의 광장에서 몸으로 싸우고 투쟁하는 유형이기보다는 연구실과 집에서 공부하고 글을 쓰는 데 더 많은 시간을 보내고 있다. 이런 나의 모습을 앞으로도 계속 부끄러워할지도 모르겠다. 그 부끄럼을 숨기기 위해 오늘도 글을 쓴다. 글쓰기가 지식인으로서 내가 사회참여를 하는 앙가주망이라 여기면서. 이것이 불의한 세상과 싸우는 나만의 투쟁이라 여기면서.

제26화

나는 왜 존경하는 인물이 없는가

"존경하는 인물이 있는가?"

이 질문을 받을 때마다 곤혹스럽다. 초등
학교 다닐 때부터 받은 질문이지만 어떤 인물을 존경한다고 적었는지
전혀 기억이 없다. 텔레비전 프로그램에 나온 정치인이나 연예인들은
이 질문을 받으면 한 치의 망설임도 없이 "누구누구를 존경합니다."
라고 말한다. 그때마다 속으로 한없이 부러우면서도 자괴감이 들기까
지 한다. '나는 왜 존경하는 인물이 없을까?' 스스로 되물어보아도 마
땅한 답을 찾을 수 없다.

성장하는 과정에서 감화를 받았거나 또 내게 영향을 미친 인물들
이 왜 없겠는가? 하지만 나는 어느 특정 인물에게 빠져 내 삶과 생각
을 송두리채 누구에게 바쳐본 경험이 없다. 유명 가수나 연예인을 좋
아한 나머지 흥분하고 정신을 잃기까지 하는 사람들을 보면 도무지
이해가 되지 않는다. 얼마나 좋아하면 정신줄을 놓게 될까?

물론 나를 사로잡은 인물이 왜 없겠는가? 예수와 부처, 그리고 공자를 비롯하여 숱한 위인들이 내 곁을 스쳐갔다. 예민한 청소년기와 격정적인 청년기에 이들은 내 사고와 가치관을 형성하는 데 굵직한 영향을 미쳤다. 이 인물들 가운데 가장 늦게 인연을 맺은 이가 붓다다. 나는 스스로 붓다의 제자가 되어 그를 스승으로 삼고 나름 진지하게 수행하고 정진하였다. 그런데 어이하랴. 붓다가 남긴 마지막 말이 자등명 법등명, 즉 "자신을 등불로 삼고, 진리를 등불로 삼으라!"는 것이었으니.

나는 이미 "부처를 만나면 부처를 죽이고, 스승을 만나면 스승을 죽이라!"는 살불살조의 무자비한 가르침에 죽비의 세례를 맞은 터였다. 그 와중에 자등명 법등명이란 부처의 마지막 가르침까지 받아 버렸다. 누구도 의지하지 않고 주도적인 삶을 살고자 한 나에게 자존과 자립은 피할 수 없는 운명과도 같았다.

지인 중에는 어떤 인물이나 사상에 푹 빠져든 이들이 적지 않다. 그들이 쓰는 글은 대부분 자신이 신봉하는 인물과 그의 어록을 인용하며 끝을 맺는다. 이를테면, 리얼리즘 문학을 추구하는 그에게 다른 사조의 문학은 모두 쓰레기나 떨거지 문학에 불과하다. 도무지 타협할 여지가 없다. 그(들)의 단호함, 결기, 투쟁정신이 부러우면서도 두렵기도 하다. 살불살조로 무장한 나 역시 융통성 없는 강고한 성격의 소유자라고 생각하지만 그(들)의 글을 읽을 때면 절로 주눅이 든다. 가급적 그(들)를 만나 말과 글을 섞고 싶지 않다. 피할 수 있으면 영원히 피하고 싶다.

오십 년의 세월을 살아왔고, 또 학자로서 한 분야의 전문가인 나는 과연 누구에게 어떤 영향을 받았을까? 내가 추구하는 가치와 이념은 무엇일까? 아니 나는 과연 어떤 사상을 지향하고 있는가?

사람은 누구나 오로지 홀로 태어나 자랄 수 없다. "만물은 서로 돕는다!" 일찍이 크로포트킨이 갈파한 것처럼 존재로 태어난 이상 사람은 수많은 다른 존재의 도움을 받으며 자라고 성장한다. 국가라는 틀에서 살고 있는 우리는 자신이 태어나고 자란 모국에 대한 진한 애정과 애증을 가질 수밖에 없다. 부모에 대한 효와 스승과 어른에 대한 공경 관념도 마찬가지다. 그런데 국가와 부모, 그리고 스승과 기성세대가 권력과 고정관념을 내세워 나와 우리를 얽어매고 구속할 때 문제가 생긴다. 자유롭고 독립적인 존재로 태어난 우리 스스로 권력과 고정관념의 한계를 배우고 깨닫도록 놔두고 기다리면 된다. 그럼에도 그들은 어찌 그리도 성급할까.

안타깝게도(혹은 불행하게도) 나는 생전의 아버지를 존경하지 못했다. 굳이 심리학에서 말하는 오이디푸스 콤플렉스를 빌리지 않더라도 아버지는 그저 무서운 존재였다. 할 수만 있다면 가까이 하지 않고 피하고 싶은 분이었다. 아버지의 자리를 갈음하는 선생님의 존재는 어떠했을까? '멋진 분'으로 기억되는 선생님이 없지는 않다. 하지만 정신적 방황으로 갈피를 잡지 못하고 헤매고 반항하는 나를 보듬어 안고 등을 도닥이며 격려해 준 선생님은 없었다. 상처투성이의 몸과 마음으로 들어간 대학에서는 아버지와 선생님의 존재가 교수님과 국가로 자리바꿈했다.

이런 나의 경험과 가치관 때문일까? 나는 제자들에게 한 번도 스승에 대한 존경 운운이나 스승에 대해 예를 갖추라는 유의 말을 한 적이 없다. "요즘 젊은이들은 버르장머리가 없다."고 꼰대질을 하는 어른들이 외려 예의가 없는 게 아닐까? 그런 말을 하는 그들도 젊었을 때는 어른들에게 같은 말을 들었을 것이다. 무릇 젊은이들은 버르장머리가 좀 없어야 한다. 그래야 그 사회가 건강하고 미래가 밝다. 수업 중에 나는 제자들에게 이렇게 말하곤 한다. "너무 착하게 살지 마라!"

나는 지금도 흔들리고 있다. 공자를 만나면 공자가 존경스럽고, 예수를 만나면 예수가 존경스럽다. 허리가 구부러진 노인을 만나면 그 노인이 존경스럽고, 해맑은 웃음으로 깔깔대는 아이를 만나면 그 아이가 대견하다. 폴 발레리를 만나면 그가 가진 시심에 질투 난다. "바람이 분다, 살아야겠다." 이 한 줄의 시구 앞에 절로 존경심이 생긴다. "산은 산이요, 물은 물이다!" 이 당연한 진리가 "색즉시공 공즉시색"이란 말로 유려하게 드러날 때 나는 온몸과 마음을 순간의 느낌에 던져 버린다. 누가 강요하지도 않았지만 내 발로 산문山門을 찾아 허리를 꺾고 무릎을 꿇는다. 붓다를 스승으로 삼아 스스로 제자가 된 이유이기도 하다.

"존경하는 인물이 있는가?" 이런 덜떨어진 질문을 하는 사회가 바람직하다고 할 수 있을까. 그 질문을 받자마자 마치 기다렸다는 듯이 "누구누구를 존경합니다."라고 대답하는 사회는 건강한가? 존경하는 인물을 내세워 굴복을 강요하는 사회도 못마땅하지만, 그 인물을 내세워 사회를 이끌고자 하는 분위기는 더욱 문제 덩어리다.

아마 나는 이승을 마칠 때까지 존경하는 인물을 찾지 못할지도 모르겠다. 살불살조의 서늘한 경구를 가슴에 품고 사는 나는 자유인으로 살다 죽기를 원한다. 하지만 어느 날 나도 존경하는 인물 한 명쯤 가슴에 품고 죽을지도 모르지.

어쩌면

나 - 채형복!

제27화

나는 진보좌파로 살기로 했다

강남좌파라는 말이 유행한 적이 있다. 이 말은 강준만 교수가 2011년에 펴낸 『강남 좌파』(부제: 민주화 이후의 엘리트주의)라는 책 제목에서 유래한다. 이 책에서 강 교수는 범여권 386세대 인사들의 자기 모순적 행태를 비꼬는 말로 강남좌파를 사용했다. 그 후 이 표현은 우리 사회의 진보적 이념과 프롤레타리아적 의식을 지닌 고학력·고소득 계층을 일컫는 말로 통용되고 있다.

강남좌파의 특징을 요약하면, 안정된 사회적 지위와 자본을 바탕으로 사회양극화와 경쟁 위주의 정책을 비판하고 자유와 평등에 기반한 인권 존중을 주장한다. 하지만 비판의 목소리도 적지 않다. 강남의 화려한 카페에 앉아 커피를 마시며 여유를 즐기는 그들이 과연 사회적 약자가 겪는 고통과 억압적인 현실을 제대로 알기나 할까? '강남' 과 '좌파' 의 미묘한 결합은 안정적 삶을 추구하면서도 이 사회의 진보적 가치를 추구하고자 하는 엘리트들의 현실적·정치적 욕망을 충족하는 멋진 표현인지도 모른다.

실제 강남의 모습은 어떠한가? 강남은 전혀 진보적이거나 좌파적이 아니다. 실제 강남은 보수적이고 우파적이다. 국회의원과 지역구 의원의 분포를 봐도 강남에는 좌파가 아니라 우파가 실권을 잡고 있다.

이러한 현상은 강남과 비교 대상이 되는 지역인 강북도 마찬가지다. 강남좌파가 있다면, 강북우파도 있어야 한다. 하지만 강북이라고 하여 오롯이 보수와 우파가 득세하고, 진보나 좌파는 발을 붙이지 못하는 지역은 아니다. 오히려 강남보다는 좌파와 우파의 구성이 다양하다. 강남좌파 혹은 강북우파는 우리 사회(좁게는 강남과 강북)를 바라보는 하나의 정치적 프레임이자 사회현상에 지나지 않는다.

대구 수성구는 여러모로 서울 강남구와 닮아 있다. 전국에서 두 번째 가라면 서러워할 교육열이 그렇고, 대구에서 수성구가 차지하는 경제규모나 생활수준도 그렇다. 이 중에서 교육열은 수성구가 강남구를 앞지를 정도로 치열하다. 범어네거리에서 수성구청으로 이어지는 달구벌대로변에는 각종 입시학원이 즐비하게 늘어서 있다. 수성구에는 전국수능만점자는 물론 한 해에 무려 서울대 합격자를 열 명(!)이나 배출한 일반고도 있다. 이런 형국이니 그 학교 근처에 있는 아파트의 전세는 천정부지로 치솟고 구하기도 어렵다.

수성구에는 의사와 교수 등 학력 수준이 높고 경제적·사회적으로 비교적 여유 있고 안정된 전문직에 종사하는 이들이 많다. 정치적 이념 면에서 보면, 대부분은 보수성향이지만 상당수는 진보적이고 개혁 성향이 강하다. 제20대 총선에서 야당후보였던 김부겸 의원이 당선될 수 있었던 것도 수성구이기에 가능했다. 만일 그가 수성구가 아니라 대구의 다른 지역에서 민주당 후보로 출마했다면 어땠을까? 아마 당선은 어려웠을 것이다. 새누리당(구 자유한국당; 현 국민의힘) 깃발만 꽂으면 당선되는 수구꼴통보수지역 대구에서 수성구는 그나마 진보의 가치를 실현할 수 있는 유일한 자존심이라고나 할까.

나는 2003년부터 약 15년간 수성구에서 살았다. 특별한 이유는 없다. 내가 근무하던 직장인 영남대로 출퇴근하기가 편리했기 때문에 이곳에 자리를 잡았다. 물론 대구의 다른 지역에 살았다고 할지라도 나의 정치이념이나 성향이 바뀌었을 가능성은 없다.

법학자로서 나는 "법학은 가난한 사람들의 눈물을 닦아주는 학문이어야 한다."는 소신을 가지고 있다. 평생 학자로 살기로 한 이상 학문을 하는 목적이자 이유는 기득권이 아니라 사회적 약자와 소수자의 보호에 두어야 한다. 학자는 사회적 약자와 소수자를 억압하는 기득권과는 늘 다투고 불화할 수밖에 없다. 그것은 국가권력도 마찬가지다. 국가가 개인의 기본권을 보호하지 못하고 권력을 오남용하여 개인의 권리를 침해하거나 제한한다면, 국가도 비판받고 견제해야 할 거대권력에 지나지 않는다.

하지만 이런 거창한 목표를 가지고 있다고 하여 온몸과 마음을 던져 국가와 싸우고 사회적 약자를 위해 자신을 희생하는 투쟁적 삶을 살고 있지는 않다. 아니 그럴 자신도 없다. 지식인으로서 적극적으로 사회참여를 하면서 학문에도 커다란 성과를 낼 수 있는 능력이 있으면 얼마나 좋을까? 나는 그런 능력도 없고 열정도 부족하다. 오히려 복잡한 상황에 얽히고 싶지 않은 마음에 치열한 현실에서 한두 걸음씩 물러나 관망하는 삶을 산다. 사람들이 나를 어떻게 평가하고 있는

지는 알 수 없다. 이런 나를 두고 내심으로는 비겁자라든가 회색주의 자라고 비판할지도 모르겠다.

누구나 자신이 성장한 배경과 환경이 있고, 또 추구하는 가치관이 있다. 굳이 변명하자면 '진보좌파'로서 나는 최소한 아래의 가치와 삶의 방식을 따르려 애쓰고 있다.

첫째, 진보좌파로서 나는 무엇보다 기본적 인권을 존중하고 보호하려 한다. 인권의 보호 대상과 목록은 다양하고 그 범위도 아주 넓다. 인권도 시대의 상황과 당대를 살아가는 사람들의 인식에 따라 변하기 때문이다.

인류는 이미 유엔을 중심으로 보편적 인권기준을 확립하고 세계인 권선언과 국제인권규약을 비롯한 국제규범 체계를 확립하고 있다. 국내적으로는 대한민국헌법도 기본권에 관한 상세한 규정을 두고 있다. 이 규범에 따라 우리가 인간의 존엄성을 존중하면서 행복하게 살 권리를 보장하기 위한 제도를 마련하고 인권에 충실한 정치를 한다면, 우리나라는 아주 살기 좋은 나라가 될 것이다. 나는 현실에서 일어나는 인권문제를 분석하고 그 해결책을 모색하기 위해 고민하고 글을 쓰고 학생들을 가르치고 있다. 나름의 앙가주망인 셈이다.

그러나 인권이란 거대담론을 실생활에서 제대로 실천하기란 쉽지 않다. 무엇보다 인권은 너의 문제나 그의 문제가 아닌 나와 내 가족의 문제로 받아들이고 실천해야 한다. "내가 너와 그의 처지라면 어떻게 해야 할까?" 인권적인 삶을 살고 실천하기 위해서는 이것이 대전제가 되어야 한다. 그래야 인권감수성이 발현될 수 있다. 세월호 참사를 그저 '하나의 교통사고'에 불과한 남의 문제로 먼 산의 불구경하듯이 바라봐서는 안 된다. 그 참사를 나와 가족의 문제로 인식하고 희생자와 그 유가족이 겪는 아픔과 불행에 대해 공감하고 공명할 때 비로소 그 문제의 핵심이 파악된다. 그래야 원인이 파악되고 재발방지를 위한 대안을 찾을 수 있다.

이처럼 진보좌파는 삶의 중심에 기본적으로 개인의 사생활과 가족의 권리보호를 중점으로 둔다. 하지만 그렇다고 하여 진보좌파는 오로지 자기중심적이고 이기적인 삶을 사는 부류가 아니다. 그들은 개인의 주체성을 강조하되 공동체적 가치를 실현하고 이타적 삶을 살기 위해 고민하고 애쓰고 노력한다.

둘째, 진보좌파로서 나는 가족 및 지역공동체와 함께 누리는 삶의 여유를 중시한다. 자본과 물질이 지배하는 현대사회에서 어느 정도의 경쟁과 스트레스는 피할 수 없다. 농촌과 달리 대도시는 인구가 밀집되어 있어 각종 범죄도 빈발하고 사회병리현상도 심하다. 마치 도시 전체가 하나의 거대한 기업처럼 움직이고 있으니 개인의 삶은 더욱 피폐해지고 여유를 찾기란 쉽지 않다. 이러한 와중에도 진보좌파는 나를 성찰하고 가족을 돌보며 이웃과 공존하고 상생하는 삶을 추구한다.

셋째, 진보좌파로서 나는 에티켓을 중시한다. 각자가 사생활을 존중받으며 여유로운 삶을 살기 위해서는 어떻게 해야 할까? 무엇보다 서로의 서로에 대한 최소한의 예의, 즉 에티켓이 필요하다. 현대사회에서 에티켓은 문화로 정착되어야 한다. '나'라는 개인과 '우리'라는 가족이 소중한 만큼 '너'와 '그'도 존엄한 존재로 존중받아야 한다. 그러나 이런 바람과는 달리 현실은 어떤가? 사람들의 말과 행동은 너무 거칠고 무례하다. 더불어 살아가는 공동체에서 요구되는 최소한의 예의도 지키지 않고 나만 편하면 된다는 식의 이기주의가 팽배하다. 우리가 서로 행복한 관계를 유지하며 평화롭게 살기 위해서는 어떻게 해야 할까? 아이부터 어른까지, 개인에게서 집단으로, 가정에서부터 사회로, 아니 우리나라 전체가 개인과 그(들)의 삶을 존중하고 배려하는 에티켓 문화가 정착되어야 한다.

마지막으로, 진보좌파로서 나는 꿈꾸는 삶을 소중히 여긴다. 어쩌면 나는 늙어 죽는 마지막 순간까지 꿈꾸고 씨 뿌리는 일을 포기하지 않을 것이다. 가뭄이나 장마로 뿌린 씨앗이 마르고 썩어 죽을 수도 있다. 그래도 살아남는 씨앗이 있겠지, 살아나지 못하면 다시 뿌리면 되겠지. 나는 그 꿈을 버리지 않고 모든 생명의 평화와 안식을 위해 기도하는 삶을 살 것이다.

나는 하루를 느긋하고 여유롭게 시작하고 싶다. 가족의 얼굴을 보며 식사하고 대화하며 서로의 힘든 일상을 도닥이며 위로하고 싶다. 식당에서는 옆자리의 사람들에게 폐를 끼치지 않도록 목소리를 낮춰 조용조용히 대화하리라. 소박하고 절제된 식사로 가급적 음식을 남기지 않으리라. 내가 먹는 한 끼의 밥에 깃든 자연과 수많은 사람들의 노고와 정성에 감사의 기도를 하고 싶다.

이 지구상에는 하루 1달러 미만으로 살아가는 6억 명 이상의 사람들이 있다. 굶주리고 배고픔에 시달리다 기아로 죽어가는 이웃들을 위해 내가 할 수 있는 일을 하리라. 전쟁과 테러는 어찌하여 끊이지 않는가? 그로 인해 죽고 다치는 수많은 사람들을 생각한다. 이제 우리의 가치와 이념은 경쟁과 배제, 전쟁과 살육이 되어서는 아니 된다.

우리 모두 서로 돕고 협력하자. 그리하여 우리 사회가 보다 자유롭고 평화롭기를 꿈꾸고 실천하자. 이렇게 사는 것이 진보좌파의 삶이다.

제28화

나이 들수록 마음이 아니라 몸에 의지하라

인간으로 태어난 이상 누구나 늙고 병들고 죽는다. 이 당연한 이치를 모르는 이가 있는가. 너무나 당연하기에 담담히 받아들이면서도 두렵고 무섭다. 누구나 자신의 삶이 소중하고 존엄한 대우를 받으며 행복하게 살다 죽고 싶다. 하지만 으레 삶이 그러하듯 내 마음 내 뜻대로 되지 않는다. 셀라비 *C' est la vie*! 이게 삶이려니 하면서도 나이 들수록 심경이 복잡하다.

어린 시절의 나는 늘 피곤하고 쉽게 지쳤다. 환절기만 되면 감기몸살에 시달렸다. 골반의 균형이 깨진 탓에 하체는 부실하였고 조그만 돌부리에 걸려도 넘어졌다. 내 무릎에는 그때의 상처가 숱한 흔적으로 남아있다. 하지만 이렇게 생각하였다. "내가 이만큼이라도 걷고 달릴 수 있다니 얼마나 큰 다행인가?" 학교 체육시간이나 운동회 때 달리기를 하면 늘 꼴찌였다. 나로서는 눈썹이 휘날리도록 달려도 남들이 볼 때는 마치 텔레비전의 느린 화면(슬로모션)으로 보였다. 자존심도 상하고 부끄럽기도 했지만 괜찮았다. 아니 괜찮다고 생각했다. 요즘처럼 따돌림이 심하지 않던 시절이기도 했고, 공부 잘하는 우등생이었기에 '그깟' 달리기 정도야 못해도 괜찮다는 세상의 풍조도 한몫 했다.

세상이 제아무리 공부제일주의 혹은 성적지상주의를 내세워도 내 몸은 오롯이 '나의 것'이다. 관념이나 지식, 또는 정서는 남과 나눌 수 있어도 몸은 나눌 수 없다. 병에 걸리거나 다쳐서 아프면 그 고통은 '남의 것'이 아닌 '나의 것'이다. 안타까워하고 위로할 수는 있어도 남이 나를 대신하여 병에 걸리거나 아플 수는 없다. 감기를 달고 살았던 나는 고열이 주는 그 혼몽함과 바람이 가져다주는 뼈 시린 아픔과 고독이 싫었다. 온 식구들이 모여 밥 먹고 텔레비전을 보며 떠들고 웃는데 나는 방 한구석에서 두꺼운 솜이불 둘둘 말고 끙끙대며 앓아누워 있어야 했다. 서럽고 외로웠다. 고통은 오로지 '나의 것'일 뿐 '남의 것'이 될 수 없었다.

그래서일까? 나는 건강을 유지하고 몸을 돌보는 데 관심이 많았다. 규칙적인 생활을 하고 나름의 운동법을 찾아 꾸준히 단련하였다. 그렇게 하지 않으면 버틸 수 없으니 선택의 여지가 없었다. 시골이라 도장이나 체육관이 있을 리 만무했다. 나 스스로 책을 읽거나 정보를 수집하여 운동을 했다. 그러다 보니 외려 몸을 다치고 상하기도 했다. 골반의 균형을 잃은 나는 달리기는 잘하지 못했지만 줄넘기나 창던지기, 투포환, 공 던지기와 같은 제자리에서 하는 운동은 웬만큼 잘했다.

당시는 야구가 대유행이었다. 대학교 1학년 때까지 야구를 엄청 많이 했는데, 내가 맡은 역할은 투수였다. 매일 아침마다 뒷마당에서 공 던지는 연습을 했다. 직구, 사이드, 언더, 변화구 등 수많은 공을 던졌다. 그 탓에 그만 오른쪽 어깨를 다쳐버렸다. 통증이 와도 어깨를 돌보지 않고 경기 때마다 무리하게 공을 던진 게 패착이었다. 그 후유증으로 지금도 공을 제대로 던질 수 없다.

예나 지금이나 몸을 많이 움직이는 운동을 그다지 좋아하지 않는다. 그런 운동은 대부분 몸이 민첩해야 하고 반응능력도 뛰어나야 하기 때문이다. 한때는 교수들과 배드민턴을 쳤다. 하지만 초속 100킬로미터 이상의 순간 속도로 날아오는 셔틀콕 앞에 매번 무릎을 꿇어야 했다. 경기를 하면 상대의 약점을 집요하고도 교묘하게 파고든다. 그 상대가 나라는 게 문제였다. 상대를 배려하고 존중하는 것이 스포츠정신이라고 했다. 경쟁은 피할 수 없다고 할지라도 배드민턴은 그 정신에서 한참 비켜나 있었다. 나 때문에 경기에서 진 것 같아 팀 동료들에게 미안하였고, 스스로 열패감에 빠져 더 이상 배드민턴을 즐길 수 없었다.

강건한 체질로 타고났어도 중년이 되면 몸의 여기저기 탈나기 십상이다. 하물며 태어날 때부터 허약한 내가 몸을 돌보지 않고 무절제하게 생활했으니 말하여 무엇 하랴. 천하를 움직일 수 있는 지식과 지혜를 얻었다고 한들 몸이 따라주지 않으면 아무것도 소용없다. 온몸이 너덜너덜해진 나는 심한 위기감을 느꼈다. "만일 이대로 쓰러져 버린다면 그토록 애써 공부한 지식을 제대로 써먹어 보지도 못할 게 아닌가? 아내와 어린 아들을 누가 돌볼 것인가?"

내 장점 중의 하나는 결단력이다. 어떤 일을 하겠다는 결심이 서면 곧장 실행한다. 도무지 미룰 이유가 없다. 실패해도 좋다. 앞으로 나아간 만큼 이득이니까. 남은 인생을 위해 다시 결단했다.

첫째, 술을 끊었다. 약을 먹어도 낫지 않는 식도염을 다스리기 위해서는 도리가 없었다. 자의 반 타의 반으로 마신 술은 위장을 망쳐 위산이 통제되지 않았다. 그 원인이 되는 술을 끊지 않고서는 식도염을 극복할 수 없었다. 한때는 상대의 권주를 거절하지 못해 조금씩 술을 마셨지만 이제는 아예 마시지 않는다. 마시지 않다 보니 이젠 음주에 대한 생각도 없고 몸이 술을 받아들이지도 않는다. 밥은 먹지 않으면 건강에 치명적이지만 술은 마시지 않는다고 하여 생활하는 데 아무런 문제가 없다. 술을 마시지 않으니 이로운 점이 한두 가지가 아니다. 예전보다 몸이 훨씬 가볍고 정신도 또렷하다. 식도염도 눈에 띄게 호전되었다.

둘째, 운동이다. 젊을 때 군복무 중 훈련을 받다가 몸의 여러 곳을 다쳤다. 그중에서 나를 가장 괴롭힌 것이 두 가지다. 하나는 고관절 이탈이고, 다른 하나는 구타로 인한 가슴팍 통증이다. 둘 다 만만한 게 아니어서 한 번씩 아플 때마다 여간 힘들지 않았다. 통증이 시작되면 숨을 쉬거나 움직이는 것도 모두 고통덩어리다. 양방과 한방 치료 둘 다 임시방편일 뿐 통증은 가시지 않고 재발하기 일쑤였다.

그러던 어느 날 의자에서 일어나려는데 허리가 아파 움직일 수 없었다. 병원에 갔더니 요추 3·4번이 닳아서 이미 퇴행이 왔다고 했다. 닳아 없어진 뼈는 재생되지 않는다. 불행은 연이어 온다고 했던가? 이번에는 회전근개파열이라는 오십견까지 와서 나를 곤죽으로 만들었다. 더 이상 머뭇대거나 미룰 수 없었다. 결단을 내려야 했다. 온몸에 병을 달고 살아야 할 것인가, 아니면 다스려서 건강하게 살 것인가.

학원이나 교습소에 갈 생각은 없었다. 온종일 강의와 연구로 지친 몸을 이끌고 별도의 시간을 내기 싫어 집에서 혼자 수련하기로 마음 먹었다.

어떤 운동이든 자신에게 맞는 것이 있다면 꾸준히 해야 한다. 내가 선택한 방법은 일상생활을 하면서 운동하는 것이다. 저녁을 먹고 뉴스나 드라마를 볼 때 소파에 몸을 묻고 가만히 있지 않는다. 몸을 비틀고 움직이며 요가와 스트레칭을 하고 호흡과 기공을 한다. 이렇게 매일 시간 나는 대로 운동을 하면 굳이 스포츠시설을 찾지 않더라도 효율적으로 몸을 돌볼 수 있다. 만일 평소 몸 움직이는 것을 싫어하거나 의지가 굳지 못하다면 다른 사람의 도움을 받는 게 좋다. 하지만 나의 경우 내 몸에 맞는 운동을 응용하여 스스로 하는 게 훨씬 편하다.

마지막으로, 섭생, 즉 식생활 습관의 개선이다. 몇 해 전 프랑스, 캐나다, 일본을 옮겨 다니며 연구년을 보냈다. 유학할 때 바게트를 비롯한 빵을 먹고 커피 한 잔을 마시며 하루 일과를 시작하였다. 이러한 식습관은 귀국 후에도 이어져 밥 중심의 아침식사를 좋아하지 않는다. 나로서는 빵과 커피 한 잔으로 아침식사를 하며 느긋하고 여유로운 분위기를 즐기는 게 좋다.

문제는 빵이다. 프랑스에서 먹던 빵은 호밀이나 통밀로 만들어 주식으로 먹을 수 있었다. 하지만 우리나라의 대형프랜차이즈 빵집에서 만드는 빵은 맛도 없을뿐더러 건강에 좋다는 확신도 들지 않았다. 연구년을 보내면서 프랑스에서 다시 맛있는 빵을 먹어보고는 프랜차이즈에서 만든 빵을 먹지 않기로 결심했다. 그 대신 헬렌 니어링의 『소박한 밥상』에서 권하는 견과류를 먹기 시작했다. 그리고 아내와 의논하여 점심과 저녁도 아예 채소와 과일 위주의 소박한 식단으로 바꾸었다.

소박한 식사를 하면 백 가지 이상의 이익이 있다. 매끼 먹을 만큼 적당량의 음식을 즉석에서 조리하고 준비하여 먹으니 무엇보다 맛이 있다. 또 먹지 않고 버리는 재료나 잔반이 거의 없으니 생활환경 보호 측면에서도 좋고 가계에도 큰 보탬이 된다.

몇 해 전 팔공산에 집을 지어 이사하고 조그만 텃밭을 마련했다. 땅을 갈아 채소를 직접 가꾸어 먹으니 심신의 안정은 물론 건강에도 좋다. 평소 연구실에서 머리만 쓰다 보니 몸을 움직이지 않는 타성이 생겨 땀 흘리며 일할 기회가 없었다. 누구나 조금만 노력하면 자신이 먹을 채소는 충분히 가꿀 수 있다. 처음에는 텃밭 가꾸는 게 어설펐지만 해마다 조금씩 나아졌다. 텃밭농사를 짓다 보면 한 톨의 쌀과 한 숟가락의 밥이 얼마나 소중하고 가치가 있는지 절로 안다. 나의 노력과 자연이 서로 도와야 상추 한 잎이 자란다.

오랜 세월 머리로만 생각하는 삶을 살았다. 관념을 추구하고 거대 담론을 즐겼다. 논리와 이성에 따른 지식에 집착하다 보니 마음이 안정되지 못하고 불안하였다. 되돌아보면 어리석고 한심하기 이를 데 없다. 세 치 혀와 한 줄의 문장으로 교언영색을 일삼았지만 정작 나는 농부들이 흘리는 한 방울의 땀이 주는 위대함을 알지 못했다.

이제 머리가 아니라 몸을 따르기로 한다. 머리부터 발끝까지 찬찬히 내 몸의 변화를 느끼고 받아들이려 한다. 죽으면 어차피 지수화풍 地水火風 네 가지 물질로 흩어져 사라지는 게 몸이다. 내 몸이 늙고 병들어 죽음에 이르는 과정을 지켜보며 몸을 스승 삼아 다시 백골관을 수행하려다.

제29화

공자가 죽어야 자식이 산다

『공자가 죽어야 나라가 산다』라는 책이 회자된 적 있다. 이 책은 전근대적 유교 관념을 극복해야 우리 사회의 인간관계가 좀 더 자유롭다는 취지를 역설한 책으로 기억한다. 사실 도덕적 엄숙주의는 우리의 내면뿐 아니라 사회질서와 국가체제를 지배하고 있는 보이지 않는 유령과 같다. 조선이 이 땅에서 사라진 지 벌써 한 세기도 더 지났건만 통치이념으로 사용되던 유교는 오늘날에도 살아남아 여전히 우리의 정신을 옥죄고 있다. 이 역설적인 상황을 어떻게 이해해야 할까.

유학을 마치고 귀국하여 다시 고향으로 돌아왔다. 한껏 부푼 기대를 안고 강단에 선 나는 깜짝 놀랐다. 젊은 학생들은 과묵했고 보수적이었다. 선생이 물으면 '착한 학생'으로 대답을 피하지는 않았지만 그들이 먼저 손을 들고 질문하는 경우는 거의 없었다. 한마디로 그들은 아주 착하고 모범적인 학생들이었다. 어느 날 강의 시간에 그들에게 물었다.

나: 자네들은 왜 이리 질문이 없는가? 궁금하거나 호기심이 없는가? 내가 말하고 가르치는 내용이 모두 옳지는 않다. 강의 내용이 전부 이해되는가?

학생들: ….

나: 한 가지만 물어보자. 자네들은 나이답지 않게 왜 그리 보수적인가? 자네들보다 한창 나이가 많은 나보다 더 보수적이니 어떻게 된 건가?

학생 1: 어른들은 우리가 시키는 대로 하기를 좋아합니다. 따지고 물으면 "시끄럽다. 무슨 말이 그래 많은가?"라며 꾸중하십니다. 어른들 말씀을 따르는 것이 바람직하다고 배웠고, 또 그렇게 행동해 왔습니다. 저희는 어른들이 말씀하시는 대로 따랐을 뿐 저희가 특히 더 보수적이라고는 생각하지 않습니다.

나: 그런가? 그런데 어른들이 하시는 말씀이면 다 옳은가? 무조건 따라야 하는가? 왜 의심하지 않는가? 도대체 무엇이 옳은 것인가? 자네들은 왜 그리 착하기만 한가?

학생 2: 선생님 말씀이 잘 이해되지 않습니다. 저희들은 어른들로부터 늘 착하게 살아라, 착한 사람이 되라는 말씀을 듣고 자랐습니다. 선생님의 말씀을 듣고 따르는 것이 왜 문제가 있다는 것입니까?

나: 자네 말은 절반은 맞고, 절반은 틀렸어. 대학에서 고등학문을 배우기 위한 첫 번째 조건이 무엇인지 아는가? 회의하고 질문하는 것이네. 착함이 무엇인지, 어떻게 사는 것이 착하게 사는 것인지 스스로에게 물어보아야 하네. 악함과 악하게 산다는 것이 무엇인지도 똑같네. 쉼 없이 묻고 의심하고, 질문을 하고 토론하면서 그 본질을 탐구하는 과정을 즐겨야 하네. 그래야 대학에서 제대로 공부할 수가 있어.

학생들: ….

나: 젊은 그대들에게 부탁 하나 하겠네. 너무 착하게 살지 말게. 젊을 때
는 기성의 모든 관념과 체제에 대해 의심하고 질문하면서 새로운 대
안을 모색하는 아나키스트가 되어야 하네. 무릎 꿇고 살기보다 서서
죽기를! 파리코뮌 당시 파리 시민들이 외친 이 절규를 기억하게.

나는 일방적으로 말하고 설명하는 주입식 강의를 좋아하지 않는다.
그 대신 끊임없이 질문하고 학생들의 답변을 요구한다. 매 학기 개학
하면 거의 한 달 동안 수강생들과 전쟁을 치른다. 학생들은 수시로 이
름을 부르고 맹렬하게 질문을 퍼붓는 이 선생을 피할 도리가 없다. 잠
시라도 멍하게 있거나 방심하다간 "교수님 죄송합니다. 다시 질문해
주십시오."라며 곤경에 빠지기 일쑤다.

대화식 강의가 일부 학생들에게는 상당히 힘들고 불편한 모양이다.
이런 나의 태도에 일부 학생들은 '너무 강압적으로 질의응답식 강의
를 하지 말아 달라'고 요구하기도 한다. 선생으로서 그들의 요구를 수
용하여 강의 방식을 개선해야 마땅하다. 그럼에도 나는 여전히 다소
반강제적으로 대화식 강의를 진행하면서 학생들의 입을 열고자 애쓰
고 있다.

왜 이토록 학생들을 모질게 몰아붙이면서까지 그들의 입을 열고자
하는가? 그저 쉽게 넘어갈 하나의 개념과 용어, 그리고 현상과 본질에
대해 쉼 없이 질문하는가? 그 이유는 바로 생각하는 사람을 만들기 위
해서다. 일정한 수준의 사고능력에 이르기 위해서는 당연한 사실과
지식이라 할지라도 뒤집고 깨부수고 잘근잘근 씹어 보아야 한다. 그

동안 당연하다고 생각하는 것들이 과연 당연한지 오류는 없는지 따져 물어야 한다. 그래야 내면에서 살아 숨 쉬는 지식이 된다. 나 자신이 고민하여 확신에 이르지 않는 한 기존의 지식은 죽은 지식일 뿐이다.

이런 나의 바람과는 달리 가정과 학교에서의 교육 현실은 어떤가? 학생들을 상담해 보면 아직도 부모와 자녀 사이에는 대화와 소통이 절대적으로 부족하다. 이런 상황은 학교도 마찬가지다. 소위 최상위권 1% 중심의 입시 위주로 운영되는 학교에서 99%의 학생들은 교사들의 관심에서 소외되어 있다. 학생들은 그들 나름대로 좌절감과 열패감에 사로잡혀 학교와 교사를 신뢰하지 않는다.

가정에서는 자녀가, 학교에서는 학생들이 왜 부모와 교사들을 믿고 따르지 못할까? 그 주된 이유는 유교에 바탕을 둔 도덕적 엄숙주의 때문이라고 생각한다. 기성세대들은 젊은 세대들에게 "자식이나 학생이라면 모름지기 이러저러해야 한다."는 식의 당위를 역설한다. "자식은 부모의 말을 잘 들어야 하고 효도해야 한다. 학생은 선생님의 말씀에 무조건 따라야 하고 공부해야 한다."와 같은 말로 압박한다. 공부와 성적은 '착한' 자녀와 학생을 판단하는 절대 기준이다. 제아무리 인성이 나빠도 공부를 잘하면 많은 잘못(더러는 모든 잘못)이 용서된다. 반대로 아무리 착한 심성과 인성을 가지고 있다고 할지라도 공부를 못하는 자녀와 학생은 문제아로 낙인 찍히기 십상이다.

공부 잘하는 우등생이기도 했던 나는 한때는 공부를 지독히 못하는 열등생이기도 했다. 우등생일 때는 공부 못하는 친구들을 제대로 이해하지 못했다. "공부란 열심히 하면 잘할 수 있는데 왜 저럴까?"라며 속으로 무시하고 비웃은 적도 있었다. 그런데 사춘기 동안 정신적 방황으로 길을 잃고 헤매면서 공부를 하지 못하니 추락하는 성적과 함께 내 처지와 대우도 급전직하했다. 그때까지는 미처 알지 못했다. 나를 그토록 추켜세우며 칭찬하던 선생님들이 얼마나 가식적이며 변덕쟁이인가를. 고등학교 때 '열등생 채형복'을 가르치고 기억하는 선생님들은 대학 교수가 된 현재의 나를 어떻게 평가할까?

평소 아들과 제자들에게 이렇게 말한다. "네 삶의 주인은 너 자신이다. 누가 네 삶을 대신할 수 있는가? 겸손하되 당당하라!" 부모와 자녀, 교사와 학생은 주체와 주체로 만나야 한다. 이 말은 서로 개별적이고 독립적 주체와 주체의 만남을 통해 각자의 관계가 재정립되어야 한다는 뜻이다. 각자는 자유롭고 독립적이며 평등한 존재로서 서로 존중하고, 또 존중받아야 한다. 그래야 서로의 관계가 편안하다.

인간의 자유로운 관념을 얽어매고 구속하는 도덕 나부랭이는 개에게나 줘 버려라. 공부는 잘하면 좋고 잘하지 못해도 좋다. 세상은 공부 잘하는 1%만 살아가는 곳이 아니다. 오히려 세상은 99%의 사람들이 어울려 살아가는 곳이다. 각자는 각자의 몫이 있고 할 일이 있다. 이미 죽어 백골마저 썩어버린 공자에게 얽매여 자녀를 병들게 하고 죽게 할 것인가? 아니면 공자를 죽이고 자녀를 살릴 것인가? 선택은 부모의 두 손에 달려있다.

제30화

죽고 사라짐을 두려워 마라

삶과 죽음을 대하는 태도는 사람마다 다르다. 그에 초연한 사람도 있지만 대부분은 삶이 주는 고통에 괴로워하고, 죽음이 주는 막연한 공포를 두려워한다. 죽음이란 삶의 종착점이라고 할지라도 그 과정에 이르기까지 우리는 살아있다. 인간은 삶이 이어지는 그 마지막 순간까지도 현실의 고통과 미지의 죽음이 주는 공포를 피할 수 없다. 삶이 주는 고통이 두려운가, 아니면 죽음이 주는 공포가 두려운가? 나로서는 전자가 더 두렵다.

안락사 혹은 존엄사는 윤리학과 법학에서 해묵은 논쟁거리다. 이 문제는 아직도 해결되지 못하고 오히려 논쟁이 확대되고 있는 형국이다. 나는 존엄사를 지지한다. 이 입장은 젊은 법학도 시절부터 일관된 생각으로 지금도 변함이 없다. 물론 이 입장이 가지는 위험성에 대해서는 충분히 인식하고 있다. 나는 자연주의자로, 또 아나키스트적인 자유주의자로 살다 죽고자 한다. 개인의 절대적인 자유를 보장해야 한다는 이 입장에 서면, 죽음마저 자신의 자유로운 선택이어야 한다는 당연한 결론에 이른다.

학자로서 나는 주관적 가치관 못지않게 객관적 지표를 중시한다. 2018년 기준 한국인의 기대수명은 남성 79.7세, 여성 85.7세로 평균 82.7세이다. 내 나이 만 58세니 남성 기준으로 약 21년을 더 살면 나도 죽음을 맞이할 것이다. 물론 이 예상도 평균이니 이보다 더 오래 살 수도 있고 더 빨리 죽을 수도 있다.

태어나 벌써 50여 년을 살았으니 죽는다 해도 별로 미련이나 후회는 없다. 다만, 머지않아 다가올 죽음을 차분히 준비하고 싶다. 그리하여 나의 존엄성은 물론 내 죽음으로 인하여 가족과 지인들이 느낄 아픔이나 부담을 가급적 최소화시키도록 애써야 한다. 이를 위해서는 어떻게 해야 할까?

일정한 때가 되면, 나는 먼저 두 가지 서류, 사전의료의향서와 장기기증서를 갖출 생각이다. 담당의사의 소견으로 더 이상 치료가 불가능하거나 의식이 깨어날 가망이 없다면 생명연장술을 시행하지 않을 것이다. 그보다는 존엄사를 선택하고 내 몸의 장기가 필요한 이들이 있다면, 기꺼이 내줄 생각이다. 죽으면 어차피 썩어 사라질 몸, 한 생을 마무리하면서 세상을 위한 마지막 헌신의 기회라 여기고 고마운 마음으로 내줄 것이다.

나는 죽어서 땅에 묻히지 않을 것이다. 죽어서까지 한 자리 떡하니 꿰차고 누워 있을 이유가 없다. 후손이 잘되고 못되고를 조상 묏자리 탓이라니 백골로 땅속에 누워 있는 내가 그 원망을 어찌 감당할 수 있을까?

살아있는 동안 나는 가족과 후손을 위해 최선을 다하였다. 이젠 모든 의무에서 벗어나 편히 쉬고 싶다. 그러니 더 이상 나를 괴롭히지 말아줬으면 좋겠다. 이런 이유로 가족에게는 입버릇처럼 당부하고 있다.

"나 죽으면 화장하여 육신의 가루는 바람에 흩뿌려 버려라. 만일 죽은 다음에 내가 그리울 것 같으면 가까운 곳에 나무나 한 그루 심어다오."

무위의 삶을 지향하는 내가 나무 한 그루일망정 남기고자 하니 이마저 집착이다. 하지만 내가 이승을 떠나고 나면, 나에 대한 그리움은 오롯이 살아남은 가족의 몫이다. 나에 대한 작은 추억이라도 가슴에 품고 세상살이가 고되고 힘들 때 내가 남긴 나무 한 그루 앞에 와서 생전처럼 하소연이라도 하고 나면 답답한 속이나마 후련하겠지. 나무 한 그루마저도 심지 못하게 하는 것은 가족에게는 너무 매정하고 비정한 처사가 아닐까. 그런 마음뿐이니 나무 한 그루에 대한 집착이 흠이 되지는 않겠지.

평소 나름의 사생관이 무상관이다.

"나는 바람으로 왔으니 바람으로 사라지리라. 불꽃처럼 살다 미련 없이 떠나가리라."

촛불은 매 순간 몸을 불태우며 자신을 완전 연소시킨다. 촛불은 '바로 지금' 타오르고 '여기'에 살고 죽는다. 촛불이, "나는 지금 타오르지 않을 거야. 다음에 타오르겠어."라며 미적대며 미련을 갖겠는가? 촛불이 살아있는 시공간은 바로 '지금 여기'다. 촛불은 타오르고 있는 '지금 여기'에 자신의 모든 것을 건다.

촛불은 지극히 현실적이고 현재적이다. 어제(과거)와 내일(미래)을 잇는 오늘(현재)에 충실하지 않은 촛불이란 죽은 목숨이다. 이미 지나간 어제에 집착하고 다가올지 아닐지도 모를 내일을 마냥 기다리고 헛된 희망을 품는 것만큼 어리석은 일도 없다.

사람은 모름지기 바로 지금 여기에 목숨을 걸어야 한다. 더러 과거생(전생)을 보았느니 하면서 괴로워하는 이들이 있다. 반대로 미래생(후생·내생)에 매달려 천상이나 천국 운운하며 광기에 사로잡힌 이들도 있다. 모두 어리석기 그지없다. 과거든 미래든 삶과 죽음이란 현재의 내가 어떻게 사는가, 또 어떤 깨달음을 얻어 바르게 실천하는가에 달려 있다. 전생에서 제아무리 복락을 누렸다 한들 현생의 내가 어리석음과 교만에 빠져 산다면 전생이 무슨 소용이랴. 내생도 똑같다. 현생에서 바른 깨달음을 얻지 못하고 그것을 실천하지 못하고서 내생의 복락이나 구원을 얻은들 뭣 하리. 미혹에 빠져 소중한 현재의 시간을 헛되이 보내지 말고 지혜롭게 살고 찬찬히 떠날 준비나 할 일이다.

어느 날 나 역시 이승을 떠날 것이다. 모든 존재에게 죽음은 피할 수 없으니 슬퍼할 일이 아니다. 오히려 현생의 무거운 짐을 벗어던지고 떠날 수 있으니 얼마나 좋은가. 덩실덩실 어깨춤을 추며 기꺼이 죽음을 맞을 것이다. 내가 죽었다는 소식을 듣고 조문을 와주어도 좋고 오지 않아도 좋다. 만일 온다면 몸과 마음만 갖고 오시라. 부의금은 사절이다. 나는 장례를 최소화할 것이고, 소요되는 비용은 사전에 준비해 둘 것이다. 귀한 시간을 내어 나를 찾은 손님들을 대접하는 것은 주인인 내가 할 일이다. 와서 기쁘게 먹고 마시는 것만으로도 충분하다. 무엇보다 내 앞에서 울지 마시라. 나는 웃으며 떠날 것이니 춤추고 노래해 주기를. 죽음은 애도가 아니고 축복이며 기쁨이고 영광이니까.

제31화

텍스트의 해체와 재해석 없이 진보와 진화는 없다

포스트모더니즘은 영단어 post와 mode-mism의 결합어로 이성 중심의 근대주의를 비판하는 사조를 말한다. 국내에서 포스트모더니즘은 해체주의나 구조주의 등 여러 용어로 불리고 있다. 모더니즘은 지향하는 이성의 구축 혹은 건설을 뜻하는 construction에 중점을 두고 있다. 포스트모더니즘은 이를 모두 해체(de-construction)하고자 한다.

포스트모더니즘은 1960년대 프랑스와 미국에서 나타났다. 프랑스 68학생운동의 사례에서 보듯이 이 시기는 기존의 사상과 권위를 해체하고 새로운 시대를 열고자 하는 진보적이고 개혁적인 분위기가 팽배하였다. 이런 분위기와 결합하여 포스트모더니즘은 철학은 물론 예술과 문화 등 유럽의 사회 전반에 걸쳐 큰 영향을 미쳤다. 포스트모더니즘의 세례를 받은 젊은 세대는 실험적이고 전위적인 문화예술운동을 활발하게 전개하였다.

모더니즘과 포스트모더니즘은 그 본질에서 현격한 차이가 있는데 바로 '작은 것' 에 대한 관심과 탐구라고 생각한다. 모더니즘이 거대 서사(meta-narrative)라고 불리는 '큰 이야기' 중심으로 전개되었다면, 포스트모더니즘은 '작은 이야기' 에 주목한다. '큰 이야기' 는 남근(페니스) 중심의 거석문화로서 남성중심주의와 힘(헤게모니)을 절대시한다. 이에 반하여 '작은 이야기' 는 역사적 과정에서 차별받고 소외된 여성 중심의 사회적 소수자와 약자에 대해 주목한다.

박사학위 취득 후 귀국하여 경북대에서 박사 후 연수(Post-Doc)를 하면서 포스트모더니즘에 대해 공부한 적 있다. 기존의 체계화된 이론과 달리 포스트모더니즘은 이론적으로 체계화되거나 정리되지 못하고 모호하고 난해하였다. 개념과 용어에 대한 정의를 바탕으로 논리적으로 접근하는 법학과는 달리 포스트모더니즘은 그 근간을 이루는 중심이 없다. 이를 어찌한다? 여간 당혹스럽지 않았다.

내가 제대로 이해하지 못하면서 학생들에게 설명하기는 더욱 난감하다. 포스트모더니즘을 설명하면서 즐겨 드는 사례가 있다.

나: 여기 쌀을 가득 담은 항아리가 있다. 여기에는 중심이 있는가?

학생들: 예!

나: 그렇다면 좋다. 항아리에서 한 줌 가득 쌀을 집어 바닥에 던지라. 바닥에 흩어진 쌀알들의 중심은 어디인가?

학생들: ….

포스트모더니즘을 공부하면서 해체로 불리는 De-construction에 매료되었다. 중심을 깨트리고 흩어버리는 관념, 즉 해체의 관점에서 포스트모더니즘을 이해하는 경우, 그 개념과 실체는 추상적이고 불분명하다. 포스트모더니즘이 이성과 논리 중심의 권위와 헤게모니에 저항하고 도전하는 속성을 가지고 태어났다는 측면에서 그 성질을 이해하지 못할 바는 아니다. 학문과 문화예술, 심지어는 사회제도에 끼친 영향과 그 의미도 인정한다. 하지만 아무리 그렇다 할지라도 알맹이가 없는 사상이 무슨 의미가 있을까? 그래서 포스트모더니즘의 핵심 내용인 해체를 재해석(re-interpretation)으로 이해하였다.

나는 사상이나 이념 혹은 사회나 제도 등이 고정되거나 고착된 것, 강고한 것, 완강한 것, 절대적인 것을 싫어한다. 종교적으로는 절대신絶對神과 맹신, 정치적으로는 국가주의, 국수주의, 민족중심주의 등이 경계 대상이다. 내가 자주 유교를 비판하는 것도 같은 맥락이다.

유교에 대한 호불호가 있겠으나 그 사상이나 관행이 개인과 사회의 자유를 억압하고 구속한다면, 그것이 아무리 훌륭한 내용을 가지고 있어도 동의하거나 수용할 수 없다. 공자 왈 맹자 왈 하면서 이천 년 전의 도덕윤리를 앞세워 현재의 나를 규정하고 지배하는 담론이나 현상을 어찌 받아들일 수 있겠는가? 유교를 앞세운 도덕적 엄숙주의에 빠진 기성세대에게 묻고 싶다. 과연 사서삼경 가운데 『논어』만이라도 처음부터 끝까지 제대로 읽어보았는가? 유교의 다섯 가지 핵심 사상인 인의예지신仁義禮智信에 대해 얼마나 깊이 알고 있는가? 현실의 삶에서 이를 얼마나 제대로 실천하고 있는가?

고전과 경서는 인류의 지성이자 지혜의 보고다. 하지만 이 전제가 성립되기 위해서는 몇 가지 조건이 충족되어야 한다. 그중에서 가장 중요한 조건은 무엇일까? 해체, 즉 재해석할 것. 다시 말하여 고전과 경서의 내용은 해체되어야 하고, 재해석되어야 한다. 아무리 훌륭한 고전과 경서라 할지라도 시대의 상황과 가치에 맞게 재해석되지 않으면 아무짝에도 쓸모없다.

고전과 경서의 내용은 나 자신이 직접 깨고 부수고 씹어 스스로 맛보고 소화시킨 후 배설해야 한다. 영양만점의 고전과 경서를 열심히 먹었는데 지독한 변비에 걸려 몇 날 며칠을 끙끙대며 생고생하느니 차라리 읽지 않는 게 낫다. 설사를 하는 경우도 똑같다. 애써 읽었는데 아랫배를 틀어쥐고 화장실을 들락거리며 설사로 다 쏟아내 버리면서까지 굳이 그 따분하고 어려운 고전과 경서를 읽어서 무엇 하리. 그럴 바에야 차라리 잡지나 만화를 읽어라. 그게 재밌고 자신에게 도움이 된다. 그 편이 훨씬 낫다.

우리는 쾌변해야 한다. 시대에 뒤떨어진 가치 관념에 사로잡혀 평생 변비나 설사를 하면서 살 필요가 있는가? 그런 삶은 마치 자유 없는 노예의 삶을 사는 것과도 같다. 자유롭고 평등하며 독립된 인격체로 살기 위해서는 어떻게 해야 할까? 책을 많이 읽든 적게 읽든 또한 생각을 깊이 하든 얕게 하든 모름지기 한 줄의 말과 글이라도 텍스트가 가지는 의미가 무엇인가에 대해 깊이 고민하고 성찰해야 한다. 그리고 시대에 비추어 그 텍스트의 뜻을 재해석하고 그 문제점과 한계를 극복할 수 있어야 한다. 나와 우리를 살리지 못하고 오히려 죽이는 텍스트란 소용없다. 그런 텍스트라면 불쏘시개로 쓸 일이다. 지금 당장 아궁이에 던져버려라.

2500년 전에 죽은 공자를 되살리고 싶은가? 부처를 다비하여 영롱하게 빛나는 지혜의 사리를 수습하고 싶은가? 예수의 옆구리에 손을 찔러 넣지 않고도 그의 부활을 믿고 싶은가? 당신이 알고 있는 '거의 모든 지식'을 해체하라. 그 중심을 흩어버리고 자신의 눈으로 새로운 중심을 찾아 설정하라. 시대의 창에 비추어 투과되지 않는 지식은 죽었다. 모든 절대지식은 반드시 다시 해석해야 한다. 그리하여 시대가 당면한 문제를 해결하고 극복할 수 있는 지식의 체계를 재창조해야 한다. 해답은 텍스트에 있다. 텍스트의 해체와 재해석 없이 진보와 진화는 없다.

제32화

텍스트의 해체와 재해석이 곧 창조다

　　　　　오사카 우메다의 어느 아이스크림 가게에서 이 글을 쓴다. 도심으로 쏟아져 들어오는 인파의 거대한 흐름에 밀리고 부딪히다 보면 절로 몸이 지친다. 그때 달콤하고 시원한 아이스크림을 먹으며 쉬고 나면 여독이 풀리고 주변을 둘러보는 마음의 여유가 생긴다.

　나는 지금 둥근 원탁에 앉아 있고 맞은편에는 십 대 후반의 일본 청소년 네 명이 이야기를 나누고 있다. 창밖에는 거대한 건물이 줄지어서 있고 파란 하늘에는 구름 몇 점이 한가로이 떠돌고 있다. 지금 이 순간 세상은 평화롭고 걱정과 근심이 사라진 듯하다.

　호텔방을 나서기 전만 해도 텔레비전 뉴스에서는 며칠 전 700밀리 이상의 폭우로 11명의 사람이 죽고 500명 이상이 고립된 북큐슈지역의 재난 상황을 보도하고 있었다. 일본에 잠시 머물고 있는 외국인이자 여행자로서 나는 그 모든 상황이 마치 남의 일인 것처럼 느껴진다. 이곳에서 나는 이방인이다. 나의 눈으로 이곳의 현실을 보고 겪지만 주체가 아닌 타자에 지나지 않는다.

참 이상하지 않은가? 한국에서 일본으로, 대구에서 오사카로 시공간을 옮겼을 뿐인데 나는 왜 주체가 되지 못하는가? 한국에서는 주체인 내가 왜 일본에서는 철저히 타자인가? 타자의 눈으로 보는 일본은 주체인 나의 현실이 될 수 없는가?

입장과 상황에 따라 나의 주체성과 타자성은 왜 이토록 이질적이고 이율배반적일까? 한국에서 주체로 사는 것과 일본에서 타자로 사는 것, 과연 어느 것이 자유로운가? 한국인이란 정체성은 한국에 있을 때보다 일본에 있을 때 더 확고하고 극대화된다. 서점에 가면 혐한류의 책이 늘려있다. 그 책을 펼치면 평소에는 드러나지 않던 한국인이란 나의 정체성이 한껏 분출된다. 나=한국인=정체성이 주체성과 연결될 때 혼란스럽다. 나는 누구인가?

시골에서 나고 자란 나는 타산지석을 배움의 수단으로 삼았다. 부모님을 비롯한 대부분의 마을 어른들은 학교 문턱에도 가보지 못한 무학자였다. 머릿속에는 자연의 이법과 현상에 대한 수많은 의문과 질문이 꼬리를 물고 나타나 사라지곤 했지만 물어볼 데가 없었다. 어른들은 가족을 먹여 살리느라 경황이 없었고 배움이 없어 질문에 제대로 대답할 수도 없었다. 해가 뜨면 놀고 해가 지면 잤다. 어린 시절 나의 일상은 봄 여름 가을 겨울의 변화에 따라 자연스레 이뤄졌다.

다행히 시골은 온통 놀거리였다. 마을에는 열댓 명의 고향친구와 함께 동물친구도 많았다. 사랑채 옆 외양간에는 누렁소가 닭과 함께 살았고 산과 들로 산책을 갈 때면 마당에서 놀고 있는 똥개를 부르면 그만이었다. 방 안에서 뒹구는 것이 싫증날 때면 고양이와 장난을 쳤다. 산과 들에는 또 얼마나 많은 친구들이 있던가? 잠자리와 여치, 메뚜기를 잡았고, 심지어 늦가을에는 통통하게 살 오른 개구리를 잡아 뒷다리를 불에 구워 먹기까지 하였다. 도시에서 나고 자란 친구들은 시골이 심심하고 무료하다고 여기지만 도시와 달리 시골은 늘 흥미신진하고 도처에 놀거리가 늘려 있었다.

그래서일까? 장성하여 도시에서 살고 있는 나는 할 일이 없으면 외롭고 무료하여 안절부절 어찌할 바를 모른다. 손에 책이라도 들고 있으면 마음이 안정되지만 멍하니 벽이라도 보고 있을 때는 금시 마음이 불안하고 우울해지곤 한다. 그렇다고 사람들을 만나 하릴없이 수다를 떨 수도 없고 젊을 때처럼 폭음하며 호기를 부릴 나이도 아니다. 규격화된 아파트와 도로는 아무리 바라보아도 새롭거나 변화가 없다. 꿈틀거리는 움직임이 없는 도시는 마치 죽어 있는 송장과 같다. 도시에서 나는 나날이 죽고 있다.

하지만 아무리 나날이 죽고 있을지라도 존재로 살아있는 이상 사고하고 행동하지 않을 수 없다. 내가 숨 쉬고 살아가고 있는 이 현실이야말로 나를 살리고, 또 나를 죽이는 목숨줄이자 텍스트다. 그 텍스트를 어떻게 읽고 이해하며 수용하고 적용하는가에 따라 나의 현실은 살아나기도 죽기도 한다.

인간이란 존재로 살아있기 위해서 현전하는 현실이란 텍스트를 스승이자 전범으로 삼아야 한다. 만일 이 텍스트를 제대로 읽고 이해하여 '자신의 것'으로 만들면 굳이 더 이상 배울 필요가 없다. 돈오돈수든 돈오점수든 중요치 않다. 바른 깨달음(돈오)이 우선이니 곧바로 혹은 천천히 수행할까(돈수·점수) 여부는 그다음의 일이다.

앞의 글에서 텍스트를 해체하고 재해석할 것을 강조했다. 이 글도 같은 맥락이다. 만일 우리가 자신이 살고 있는 이 현실이란 텍스트를 해체하고 재해석하지 못한다면 아무리 배워도 무지하고, 또 배울수록 완고하다. 주변의 지식인들을 보라. 한 분야의 전문가로서 평생 한 우물을 판 그들에게 시대의 스승으로 흠모할 만한 품격이 느껴지는가? 교양과 예의로 겉치장했지만 사고와 행동은 완고하기 그지없다. 심지어 알량한 전문지식을 악용하여 사리사욕을 취하거나 사회에 해악을 끼치는 언행으로 패가망신하는 경우도 적지 않다. 모두 나름의 지식으로 텍스트를 해석하여 한 몸의 영달은 이루었을지라도 자신은 물론 그 자신이 살고 있는 시대와 사회의 진보와 진화를 이끌어내는 데는 실패했다.

사실 지식이나 학문은 위험하다. 그 지식을 다루고 학문을 하는 학자도 위험하다. 위험하지 않으면 학자가 아니다. 하지만 위험하다고 하여 모두 학자는 아니다. 시대의 가치를 이끌지 못하고, 구태의연한 사고로 옛것에만 얽매여 공자 왈 맹자 왈을 앵무새처럼 되풀이하고 있는 이는 위험하다. 그는 학자가 아니다.

옛것을 돌보지 않고 오로지 새것만 추구하는 물질주의와 과학기술 문명만능주의에 빠져 있는 이도 위험하다. 그도 학자가 아니다. 이런 부류의 학자야말로 아주 위험하다. 이런 위험한 사이비학자들은 늘 경계해야 한다. 학자라면 모름지기 옛것을 되돌아보아 새로운 지식을 창출하겠다는 온고이지신溫故而知新 혹은 법고창신法古創新의 자세를 잃지 않아야 한다. 그래야 위험하지만 바른 학자라고 할 수 있다.

그런 학자가 되기 위해서는 어떻게 해야 할까? 자신이 살아가고 있

는 현실을 텍스트로 삼아 꾸준히 경계를 부수고 허물어 그것을 넘어
서는 노력을 해야 한다. 기성의 지식을 해체하고 재해석할 것. 그를
통해 새로운 가능성과 대안을 모색할 것. 학자가 이런 작업을 중단하
지 않아야 이 사회는 거듭 진보하고 진화할 수 있다.

　나로서는 어느 절대자가 이 세상을 창조했는가에 대해서는 알지 못
하겠다. 그가 세상을 창조했다고 해도 그만이고 아니라고 해도 그만
이다. 그것은 나의 관심사가 아니다. 내가 알 수 있고 믿을 수 있는 것
은 내 삶의 창조주이자 유일자인 '나'의 의지와 실천이다. 나와 우리
가 살고 있는 현실이란 텍스트를 어떻게 해체하고 재해석할 것인가?
나와 세상의 창조는 '그의 일'이 아니다. 창조는 '나(혹은 우리)의 일'이
다.

제33화

호흡 - 생명을 마시고 내뱉다

        불교에서는 흙·물·불·바람, 즉 지수화풍을 우주를 구성하는 4대 원소로 본다. 이 네 가지는 우주뿐 아니라 인간의 몸을 이루고 있는 원소이기도 하다. 사람은 죽으면, 그 몸(육신)은 네 가지 원소로 분해되어 자연으로 돌아간다. 이 과정을 성찰하면 절로 모든 게 공空이요 무無임을 깨닫게 된다. 인간이 삶에 집착하고 얽매여 서로 미워하고 싸우고 죽이는 행위는 얼마나 어리석은가. 4대 원소에 공空을 더하여 5대 원소라 부르는 이유다. 이처럼 몸에 대한 성찰은 비단 불교를 비롯한 종교뿐 아니라 철학적 사유의 출발점이다.

  젊은 한때 호흡과 기공 수련을 했다. 초보자라면 누구나 경험하는 것이지만 숨을 가늘고 길게, 또 고요하고 깊게 쉬는 게 그토록 어려운 일인가를 새삼 알게 된다. 바른 호흡법으로 수련을 하면 할수록 숨 쉬기가 편하다. 호흡을 하면서 자신의 내면 아래로 깊이 내려가다 보면, 심신이 안정되어 어떤 상황에서도 부화뇌동하지 않는 신중함이 생긴다. 나와 너, 그와 우리의 참모습이 보이고, 서로의 관계에 대해서도 일희일비하지 않는 여유로운 마음이 생겨나면서 절로 삶이 풍부해진 다.

어릴 때는 자연스레 복식호흡을 한다. 아기들의 배를 만져보면 횡격막이 열려 있어 숨을 쉬고 뱉음에 따라 저절로 배가 부풀었다 내려 갔다 한다. 이처럼 태어날 때는 누구나 태초의 호흡인 복식호흡을 한 다. 하지만 성장하면서 개인의 습관이나 생활환경, 또는 신체의 결함 등으로 태초의 호흡을 잃어버리고, 아랫배가 아니라 가슴으로 호흡(흉식호흡)한다. 천식환자나 노인들의 호흡을 떠올려 보면 쉽게 이해될 것 이다. 그들의 호흡은 거칠고 주기가 짧다. 숨을 깊게, 또 오래도록 들이마시지 못하니 가슴을 헐떡거리며 쉬 지치고 만다. 아토피, 비염, 흡연, 음주 등 생활환경이나 나쁜 습관 등도 우리가 깊은 숨을 쉬는 방법을 잃어버리게 만든 원인이다.

사람은 숨 쉬지 않고는 살 수 없다. 호흡은 생명의 근원이자 본질이 다. 그럼에도 우리는 왜 숨쉬기를 제대로 하지 못하고 무관심할까? 누 구나 조금만 관심을 가지고 연습하면 나름의 방식으로 바른 호흡을 할 수 있다. 또 호흡을 하다 보면 자신의 몸에 대해 성찰하고 그 몸에 얽매이지 않고 자유로울 수 있는 용기를 얻는다. 무릇 나에 대한(특히 내 몸에 대한) 남의 시각이나 평가란 내 몸에 난 터럭 한 올보다 가치가 없다. 4대 원소로 이뤄진 육신이 덧없음을 인식하고, 그것이 흩어져 자연으로 돌아가는 현상을 관찰하면 남의 시각에 얽매여 끙끙대는 것 이 얼마나 덧없는가를 알게 된다.

단전호흡에 관한 글을 읽으면 정기신을 강조한다. 정精이란 몸(육신)

의 기력이고, 기氣는 기운(에너지)을 말한다. 정과 기가 바탕이 되어야 정신 혹은 사고활동을 뜻하는 신神이 충만할 수 있다. 사람마다 타고난 정기신이 다르다. 건강한 몸으로 타고난 사람은 운이 좋다. 정이 넘치니 조금만 운동하고 관리해도 건강하다. 정이 강하면 기도 센 편이나 정이 강하다고 하여 모든 사람이 기가 충만하지는 않다. 정과 기를 절제하지 못하고 방심하거나 방만한 생활을 하면, 오히려 그로 인하여 건강에 치명적인 문제가 생기기도 한다. 정의 속성은 안으로 모이는 성질이 있고 기의 속성은 밖으로 뻗어나가려는 성질이 있다. 그러므로 양자를 절제하고 조절해야 한다.

마지막으로, 신이다. 최근 인기를 끌고 있는 몸짱은 대부분 아랫배에 임금 왕王 자가 새겨진 복부를 드러내고, 이두박근 삼두박근으로 단련된 멋진 몸을 과시한다. 하지만 그들이 울퉁불퉁 멋진 근력과 에너지 넘치는 기운을 가지고 있다고 할지라도 사고 작용이 원활하지 않아 신이 제대로 정립되어 있지 않으면 당장 정신활동에 문제가 생긴다. 정기를 세워 신이 늘 평화롭고 조화로운, 즉 정기신이 균형 잡힌 상태에 있어야 한다. 우리가 학문을 배우고 익히며 종교생활을 하는 이유도 정기신의 조화로운 상태를 통해 영육의 지혜를 도모하기 위함이다.

현대사회를 살아가는 우리의 삶은 늘 바쁘고 분주하다. 남보다 한 걸음이라도 뒤처지면 경쟁에서 도태되어 현실에서 밀려나기 십상이다. 도대체 편하게 숨고르기 할 수 있는 1분 1초의 여유가 없다. 육체에 과부하가 걸리니 정은 고갈되고, 신은 늘 긴장하고 예민하게 반응하고 스트레스를 받는다. 기는 어떤가? 매 순간 에너지가 지나치게 분

출되어 신경조직은 균형이 깨지고 과부하가 걸려 있다. 현실은 경쟁적이고 여유가 없다. 남의 눈과 시각에서 자유롭지 못하고 남의 평가에 삶이 좌우되는 현실도 문제다. 이런저런 이유로 정기신의 균형이 깨져 우리의 심신은 파김치가 되어 지치고 늘어져 있다.

하루에 5분만 시간을 내자. 물론 우리의 현실은 이 짧은 시간도 내기 어려울 만큼 팍팍하다. 5분이란 짧은 시간 동안 편히 숨 쉬는 것도 허락하지 않는 사회는 얼마나 야만적이고 폭력적인가. 단 5분, 이 짧은 시간 동안이라도 호흡을 밀고 당기고 가두고 표출하자. 숨을 단전으로 고르게 깊숙이 내려 보내고, 휴~ 속 시원히 내뱉어 보자. 하루에 한 번만이라도 자신의 참모습과 만나 영적인 대화를 나누는 시간을 가져보자. 생존을 위한 우리의 싸움은 편히 숨 쉬고 호흡할 수 있는 시간을 얻기 위한 것이다.

제34화

남이 나의 삶을 대신 살 수 있을까

한국을 떠나 외국을 여행하면 온몸과 마음이 자유롭다. 나를 아는 사람을 만날 확률이 거의 제로 퍼센트에 가깝다 보니 남의 눈을 신경 쓰고 의식할 필요가 전혀 없다. 대학교수라는 사회적 지위나 선생으로서 갖추고 지켜야 할 도덕윤리와 사회적 의무를 다해야 한다는 강박관념을 가지지 않아도 된다. 내 몸을 가두고 있던 격식 차린 옷에서도 벗어나 반바지와 헐렁한 티셔츠 한 벌이면 그만이다. 모든 관념과 인식에서 해방된 나는 자유인이다.

내가 느끼는 자유나 해방감은 나이가 주는 성숙과 여유도 한몫하고 있다. 젊을 때는 누구나 자신의 몸이나 외모에서 자유롭기 어렵다. 남이 나를 어떻게 바라보고 생각할까란 생각에 얽매여 위축되고 심한 불안과 우울증을 겪기도 한다.

우리나라 사람들은 유독 타인에 대한 관심과 친밀함이 지나쳐 사사건건 남의 일에 관여한다. 누가 뭘 입고 먹었는지, 키가 큰지 작은지, 몸이 뚱뚱한지 홀쭉한지, 몇 평의 아파트에 사는지 등 남의 겉모습에 대해 어찌 그리 궁금한 게 많은지 모른다. 인간관계의 대부분이 남의 일에 관한 것이고 보니 그 상황에 적응하지 못하면 여간 피곤하고 성가시지 않다.

우리가 남의 일에 도가 지나칠 정도로 관심을 가지고 관여하는 이유는 여러 가지가 있을 것이다. 주된 이유는 개인의 권리, 특히 사생활에 대한 존중이 결여되어 있기 때문이다. 유럽에서 확립된 근대법 체계의 기본원리는 개인의 권리로써 사생활을 어떻게 존중하고 보호할 것인가에 그 초점이 맞춰져 있다. 그 권리가 최대한 존중되고 보호되기 위해서는 사생활에 대한 관념이 확고하게 뿌리내려야 한다. 다분히 비인간적이고 냉정하게 들리겠지만 나 이외 모든 사람은 남이다. 부모를 포함한 가족도 예외일 수 없다. 하물며 그 이외의 타인이야 말하여 무엇하랴.

우리는 부모와 자식, 부부와 친구 사이 등 사적 관계는 물론 직장이나 사회관계, 나아가 개인과 국가 등 공적 관계에서 소위 정서적 분리가 되어 있지 않다. 네가 뭔데 남의 일에 참견해? 나는 나고, 너는 너야. 이런 매몰찬 정서나 관념은 우리 사회에서는 도저히 동조를 얻거나 환영받지 못한다. "사람은 모름지기 착해야 한다."든지 "모난 돌이 정 맞는다."는 식의 정서가 팽배한 사회에서 "제발 나를 이대로 좀 내버려 둬."라든지 "내 일에 신경 꺼."라는 항변은 여론의 몰매를 맞기 일쑤다.

연예인들의 인터뷰에서 흔히 듣는 말이 있다. "공인으로서 어쩌구 저쩌구." 공인公人이란 공적인 업무나 활동을 수행하거나 그 직에 있는 사람을 말한다. 물론 연예인이라고 하여 공인이 아니란 법이 없다.

왜 유독 그들은 자신이 공인임을 강조할까? 반대로 사람들은 왜 그들에게 공인으로서 책임과 의무를 다하도록 다그칠까? 그들이 공인이라고 하자. 아무리 그들이 공인이라고 해도 공적 활동이나 업무를 떠나면 사인私人이다. 개인으로서 그들도 가족과 함께 외식을 하고 타인의 방해를 받지 않고 자유롭게 생활을 즐길 수 있어야 한다.

현실은 어떤가? 유명 연예인이 나타나면 그곳이 식당이든 백화점이든 우르르 떼 지어 사람들이 몰려든다. 심지어 그의 동의도 구하지 않고 손을 잡고 뺨을 부비며 포옹하기까지 한다. 아무리 사람들의 인기로 먹고 사는 직업이라 한들 연예인들의 사생활도 존중되고 보호되어야 한다.

잡지에서 최고의 인기를 누리고 있는 어느 진행자의 고충을 읽은 적이 있다. "가장 하고 싶은 일이 무엇이냐?"는 질문에 그가 대답했다. "아이와 함께 편하게 놀이공원에 가고 싶다." 늘 반듯하고 절제된 언행으로 '국민 엠시'로 불리는 그의 말에서 일종의 연민을 느꼈다. 그는 얼마나 많은 돈을 벌겠는가? 길거리에 나서면 사람들이 알아보고 환대를 하니 무명연예인들로서는 그의 인기가 얼마나 부럽겠는가? 그런데 그의 바람이 참으로 소박하다. 우리는 왜 이토록 남의 일에 극성스러울 정도로 관심을 가질까? 왜 좀 더 차분하게 자신을 성찰하고 의연하게 행동하지 못할까?

부모님이 살아계실 때 가장 두렵고 듣기 싫은 말이 있었다. "내가 너를 어떻게 낳고 길렀는데…." 이 말 앞에 자식인 나는 완전무장 해제되고 만다. 나의 주장이나 항변은 무력화되고 부모님의 이 말씀 앞에 무조건 무릎을 꿇어야 했다.

대학교수라는 번듯한 직업을 가지고 있는 나는 다른 사람의 모범이 되어야 한다는 강박관념에서 자유롭지 못하다. 부모님은 한평생 고되고 힘든 삶을 사셨다. 그 여정을 지켜보면서 성장한 나는 부모님의 말씀에 맞설 자신이 없었다. 묵묵히 부모님의 뜻에 따라 자식으로서 해야 할 도리를 다하고자 노력했다. 부모님에 대한 나의 연민이기도 했고, 자식으로서 마땅히 해야 할 도리라고도 여겼다. 솔직히 고백하면, 나의 이러한 태도는 세상 사람들의 손가락질을 받고 싶지 않다는 피해의식에 따른 행동이기도 했다.

부모님과의 사별은 가슴 아리고 절로 서럽고 외롭다. 일상을 살면서도 문득 부모님이 그리울 때면 울컥 설움이 북받쳐 오른다. 부모와 자식 간 맺어진 인연(천륜)이니 오죽하겠는가? 하지만 세월이 흐르면 모든 게 잊히고 절로 둔감해진다. 부자지간도 마찬가지다. 사별로 인한 슬픈 감정과는 달리 부모님께서 세상을 떠나신 후 그 이전보다 마음이 훨씬 편하다. 형제와 친인척 관계도 대폭 정리되어 인간관계에서 오는 번거로움과 성가심에서도 벗어났다.

부모님 살아생전에는 아무리 나이를 먹어도 나는 여전히 막내아들이었다. 가정의 번잡한 일을 논의하고 결정할 때 막내인 나의 의견이 수용될 여지는 거의 없기에 조용히 있을 뿐 나서지 않았다. 그런 내가 부모님과의 사별을 통해 비로소 복잡한 가족관계에서 벗어나 독립적으로 사고하고 생활할 수 있게 되었으니 참으로 아이러니하다.

어릴 때부터 나는 비교적 주관이 뚜렷하고 고집이 센 편이었다. 하고 싶은 말이 있으면 권위에 주눅 들지 않고 내뱉었고, 하고 싶은 일이 있으면 세상의 이목과 판단을 떠나 밀고 나갔다. 그런 나도 늘 고민스러운 문제가 있으니 바로 인간관계다. 우리 사회에서 대부분의 인간관계는 남의 눈과 말에 좌우된다. 나도 사회생활을 해야 하니 독야청청 홀로 살아갈 수 없다. 삶은 남을 통해 배우고 남과 함께 살아가면서 성장한다. 우리가 인간관계를 통해 서로 진보하고 성장하는 삶을 살기 위해서는 어떻게 해야 할까?

무엇보다 서로를 존중하는 언행을 했으면 좋겠다. 사람은 누구나 자유롭고 평등하며 존엄한 존재로 태어났다. 빈부귀천을 떠나 우리는 누구나 귀하고 독립적인 존재다. 어느 누구도 남을 차별하고 무시할 권리가 없다. 더러 식당이나 커피숍에서 본의 아니게 옆자리에 있는 사람들의 대화를 들을 기회가 있다. 가만 들어보면, 대부분 과장된 자기자랑 아니면 시댁·본가·친구·직장 등을 헐뜯고 비난하는 남의 얘기다. 자신의 얘기는 없다. 우리의 인간관계가 얼마나 왜곡되어 있고, 스스로에게 스트레스를 주는지 알 수 있는 대목이다.

나는 서로의 관계가 보다 자유롭고 편안했으면 한다. 부모의 자식에 대한 관계도 '내가 너를 어떻게 낳고 키웠는데, 네가 어찌 나를' 이라는 식의 관념에서 벗어났으면 좋겠다. 또 부모는 자식을 이런 마음으로 대했으면 좋겠다. "너의 탄생은 우리에게 그 자체로 축복이자 기쁨이었어. 네게 바라는 것은 없어. 네가 건강하고 행복하게만 살아줬음 좋겠어." 부모와 자식의 관계가 원활하게 유지되기 위해서는 주었으니 되돌려 받아야겠다는 'give and take'가 아니라 주었으면 그만이라는 'give, but not take'로의 사고 전환이 필요하다.

그리고 개인관계에서는 상대의 신체나 외모에 대한 평가를 하지 말자. 키가 작든 크든 몸이 뚱뚱하든 홀쭉하든 그게 뭐가 그리 중요한

가. 우리 모두는 소중하고 귀한 존재다. 어느 누구도 남에게 무시당하고 차별당해서는 안 된다. 우리 각자 자신에게, 또 남의 시각으로부터 당당하자. 남이 나의 삶을 대신하여 살 수는 없다. 내가 먹는 밥 한 끼일망정 남이 대신 먹여주는가? 그도 삼시 세끼 나도 삼시 세끼 먹는다. 그러면 됐다.

제35화

물질과 정신 중에 어느 것이 더 중요한가

항산恒産과 항심恒心은 『맹자』에 나오는 말
이다. 맹자는 이렇게 말한다.

"사람들은 일정한 재산이 있을 때 안정된 마음을 가질 수 있다. 반대로 항
산이 없는 자는 항심이 없기 마련이다. 그러므로 백성들에게 일정한 재산을
갖게 하는 것이 백성들의 마음을 안정시키는 방법이다." (「등문공滕文公」상)

맹자는 사람을 선비(군자)와 일반 사람(백성) 두 부류로 나눈다. 군주
가 왕도정치를 펴려면 선비와 일반 사람이 원하는 바를 잘 헤아려야
한다. 선비는 항산에 기대지 않고도 항심을 가질 수 있다. 반대로 일
반 사람, 즉 백성은 항심만 강조하고 항산이 없이는 왕도정치를 실현
할 수 없다. 맹자는 항산 없이는 항심을 가질 수 없다며 백성들을 등
따습고 배불리 먹이는 민본정치를 주장한다.

항산과 항심을 오늘날의 언어로 바꾸면 물질(혹은 자본)과 정신이 될

것이다. 맹자는 선비라야 "항산에 기대지 않고도 항심을 가질 수 있다."고 했다. 맹자의 이 말은 상당한 비판의 여지가 있다. 맹자가 활약하던 춘추전국시대든 현대사회든 물질과 정신의 관계는 여전히 뜨거운 감자와 같은 주제임은 분명하다.

사람이 살아가려면 물질과 정신은 적절한 조화를 이뤄야 한다. 만일 물질은 풍족한데 정신이 빈곤하면 그 사회는 빈부의 격차와 약육강식의 무한경쟁으로 떨어질 가능성이 높다. 반대로 제아무리 정신이 올곧고 그 수준이 높아 사람들의 인품과 인격이 바르다 한들 물질이 부족하여 사람들이 배고픔에 허덕이고 굶주린다면 역시 올바른 사회라 할 수 없다.

물론 부탄과 같은 나라는 경제수준은 세계 최하위권이나 사람들의 행복지수는 세계제일이니 위에서 한 말이 그대로 들어맞지는 않는다. 하지만 여러 나라의 일반 상황을 보면 물질과 정신이 조화를 이루고 상호보완적인 상태에 있을 때 사람들의 삶의 만족도와 행복지수가 높다. 이런 나라는 사회복지제도가 잘 갖춰져 있고, 부정부패가 없이 올바른 정치가 행해지고 있다. 항산과 항심이라는 측면에서 바라볼 때 우리나라는 어떤 상황과 수준에 있을까? 또 우리는 이 양자의 관계를 어떻게 이해하고 받아들여야 할까?

우리 사회는 시장자본주의에 바탕을 둔 자유경제제도를 채택하고 있다. 개인은 능력만 있다면 얼마든지 자신이 원하는 만큼의 경제적 이익과 부를 추구할 수 있다. 이 사회체제에서는 '상위 1%'가 나머지 99%가 가지는 경제적 부의 절반 이상을 가지고 있다고 한다. 전자의 입장에서 보면 우리나라는 물질을 중시하는 자본주의의 전형이고 개인이 노력하면 얼마든지 잘살 수 있는 사회이다. 그러나 현실은 어떤 가? 후자에 속한 99%, 그중에서도 더 가난한 부모의 자식(흙수저)으로 태어난 이상 자신의 노력만으로 '상위 1%'에 진입할 가능성은 거의 없다고 봐도 무방하다.

대부분의 학생들은 부모와 동거하거나 부모의 경제적 지원에 기대어 학교에 다닌다. 인권법 수업에서 주거권을 가르칠 때 이렇게 질문하곤 한다.

나: 혹시 잘 곳이 없어 현실적으로 어려움을 겪는 학생이 있는가?

학생들: (자신 있게) 아뇨.

나: 그런가? 다행이야. 모두 행복한가?

학생들: (대부분) 네!

나: (웃으며) 행복하다니 그런 근거 없는 자신감은 어디서 나오지?

학생들: (얼굴이 굳어지며) ….

나: 모두 자신 소유의 집이 있는가?

학생들: 아뇨.

나: 아니 자신 소유의 집도 없으면서도 무슨 근거로 행복하다고 생각하지? 만일 부모님한테 어떤 문제가 생기거나 극단적으로 부모님이 자네들더러 당장 집에서 나가라고 하면 어떻게 할 텐가? 대책이 있는가?

학생들: ….

내가 클 때와 마찬가지로 부모들은 자식들에게 경제적 독립의 중요성을 가르치려 하지 않는다. "공부만 하면 돼. 나머지는 우리가 알아서 해줄게." 이 말은 곧 "항심만 가지면 항산은 따를 것이니 신경 쓰지 않아도 돼."라는 일종의 보상심리의 다른 표현이자 정신우월주의가 지배하는 사회의 모습을 드러내고 있다. 또는 자식을 위해서라면 어떤 희생이라도 감수하겠다는 눈물겨운 부성이자 모성이 아닐 수 없다.

하지만 이제 상황이 변했다. 중산층이 무너지고 부모들의 노후마저 보장받지 못하는 현실이니 이 약속은 모두 공염불에 지나지 않게 돼버렸다. 자식들의 상황도 동일하다. 어릴 때부터 부모의 말을 듣고 열심히 공부하여 대학에 들어왔지만 이제는 졸업해도 취직된다는 보장도 없다. 그런 자식을 바라보는 부모는 부모대로, 그런 부모를 바라보는 자식은 자식대로 참담하다. "내 부모는 왜 이리 가난할까?" 내심 이런 원망을 품고 있지나 않을까?

나 역시 부모님으로부터 단 한 번도 "돈을 벌어라."는 말을 듣지 않고 컸다. 부모님은 경제적으로 어려워 자주 다투었지만 자식 앞에서는 돈이나 물질에 대해서는 언급하지 않았다. 그 대신 "사람은 모름지기 착하고 성실해야 해."라든지 혹은 "너는 공부만 하면 돼."라는 말뿐이었다. 이런 분위기에서 자란 탓일까? 늘 용돈이 부족했지만 "돈을 벌어야겠다."는 생각은 별로 해본 적이 없다. 공부를 잘하지 못해, 또 공부가 되지 않는 것이 최대의 고민일 뿐 가난은 나와 부모님을 비롯한 어느 누구의 잘못도 아니었다.

결혼을 하고는 경제적으로 자립하지 못한 채 무작정 유학을 떠났다. "무슨 수가 있겠지. 어떻게든 되겠지." 무모한 자신감의 이면에는

"설마 부모님이 막냇자식 부부를 굶게 놔두지는 않겠지."란 막연한 기대감과 의타심이 강하게 자리 잡고 있었다. 서른의 나이에 독립된 가정의 가장이었지만 경제적으로는 무력하고 무능하였다.

돌이켜 생각해 보면, 대학과 대학원, 그리고 유학을 하고 사회생활을 하는 내내 주된 고민 대상은 경제와 물질이었다. 유학하고 외국에서 박사까지 취득한 전문가로 근엄한 표정을 짓고 학생들 앞에 섰지만 그 당시의 나는 가족을 닐 방 한 칸 없는 신세였다. 세상은 항심을 가질 것을 요구했지만 정작 내게는 한 쪽의 빵과도 같은 항산이 절실했다. 맹자는 말한다. "항산이 없더라도 항심을 간직할 수 있기란 오직 선비들만이 그럴 수 있다." 그러나 정작 현대적 의미의 선비인 나는 항산 없이는 항심을 가질 자신과 여유도 없었다.

한국사회도 이미 초고령 사회로 접어들었다. 청년들의 실업률은 하루가 다르게 치솟고, 네 명 중 한 명은 취직을 하지 못하고 있는 실정이다. 그렇다고 사회복지를 비롯한 안전망이 완벽하게 갖춰져 있어 개인이 인간으로서 가지는 존엄을 지키며 행복하게 살 수 있는 환경도 아니다. 자식교육에 과도하게 투자한 부모들은 노후가 불안하고, 자식들은 취업이 어렵거나 실업상태에 있어 먹고 살기도 빠듯하니 부모의 노후를 돌볼 겨를이 없다. 그런데도 가정과 학교는 물론 사회는 "그래도 사람은 항심을 가져야지. 사람이 너무 물질(돈)을 밝히면 못써."라는 인식과 분위기가 팽배하다. 과연 이것이 정상일까?

초고령 저성장에 접어든 우리 사회는 이제 자유권보다는 사회권을 더 두텁게 보장하라는 시민들의 요구에 직면하고 있다. 정치적 이념 측면에서 보면, 자유권은 항심이고, 사회권은 항산이다. 정신이나 인식에 따른 항심에 해당하는 자유권은 돈이 그리 많이 들지 않는다. 국가나 정부가 정치적 결단만 내리면 시민들의 정치적 자유는 언제든 실현할 수 있다. 또한 시민들도 개인의 의지에 따라 마음만 먹으면 언제든 항심을 가질 수 있다.

이와는 달리 사회권을 실현하기 위해서는 많은 돈이 필요하다. 자유권은 정치적 구호나 선전(프로파간다) 등 말로 실현할 수 있지만 사회권은 국가의 경제적 지원이나 적극적 개입 없이는 실현할 수 없다. 맹자가 말하는 선비는 오늘날 말하는 1%의 특권계층일 것이다. 그들은 항산의 문제가 이미 해결된 상태니 굳이 국가의 도움이 필요 없다. 오히려 국가가 해야 할 일은 그들이 누리는 특권을 감시하고 통제하여 경제적 부의 배분과 형평을 도모하는 것이다. 또한 그들 스스로도 노블레스 오블리주를 통하여 자신이 가진 부와 권력을 사회에 환원해야 한다.

1%의 선비든 99% 백성이든 누구나 항산 없이도 항심을 가질 수 있는 사회를 만들 수는 없을까? 그런 사회라야 우리는 돈이 없어도 비참하거나 비굴하지 않고 개인의 존엄성을 지키면서 행복하게 살 수 있다. 오로지 개인이 타고난 환경이나 능력에 따라 자신의 가치가 고정되는 사회는 정상이 아니다. 정신과 물질, 항심과 항산이 조화와 균형을 이루는 사회를 일컬어 복지사회라 한다. 어떤 모습의 복지사회를 만들 것인가? 우리가 가장 치열하게 고민하고 논의해야 할 주제라고 생각한다.

제36화

고독을 즐기되 고립은 피하라

고독을 한자어로 풀이하면, 외로울 고孤 홀로 독獨-주위에 함께할 사람이 없어 마음이 외롭고 쓸쓸한 상태를 말한다. 사회가 분화되고 사람과의 관계가 분절화되고 있는 현대사회에서 개인이 느끼는 고독은 심각한 수준이다. 고독이 고립으로 이어질 때 수많은 사람이 살고 있는 거대도시에서 마치 나 자신만이 무인도에 떨어진 것 같은 절망에 빠져든다. 이러한 상태는 나이가 들수록 심각해져 노인들의 고독사와 자살의 원인이 되어 심각한 사회문제가 되기도 한다.

사람은 누구나 고독한 존재로 태어났다. 열 달 동안 자신을 키우고 보호해 주던 엄마의 자궁에서 밀려나 세상의 밝은 빛을 보는 순간 '나'는 엄청난 충격·불안과 함께 평생 고독을 벗 삼아 살아야 하는 운명과 마주한다. 자아니 존재니 숱한 철학적 명제나 담론으로 미화되었지만 개인으로서 '나'는 결국 자신의 삶을 홀로 살다 죽어야 한다는 당위에서 벗어날 수 없다. 그 사실을 깨닫고 받아들이든 거부하든 '나'는 제한된 운명 앞에서 모종의 선택을 강요받는다.

우리 사회에서 고독은 다분히 부정적인 이미지다. 사람의 특징을 규정하는 말은 많다. 그중에서도 "사람은 사회적 동물이다."는 말이 압권이다. 이 말은 사람도 동물처럼 무리(군집)를 이루어 살아야 한다는 뉘앙스를 내포하고 있다. 이 말에서 방점은 '사회적'이란 형용사에 있다. '사회적'이란 표현은 사람은 무리를 떠나서는 살 수 없다거나 또는 다른 사람과 관계를 맺어야 한다는 당위를 강조한다. 반대로 이 말은 무리에서 사회적 관계를 맺지 못하면 다분히 문제 있는 사람으로 보겠다는 의미이기도 하다.

이런 가치가 지배하는 사회에서 "나는 고독하고 싶다.", "나는 홀로이고 싶다."는 주장은 다분히 문학가나 예술가들이 사용하는 추상적인 수사로 간주되곤 한다. 자신에게 물어보자. 사람으로서 '나'는 정말 사회적이어야만 하는가? 아니 사회적 관계를 맺고 싶어 하는가? 만일 홀로 있고 싶다면? 고독을 즐기고 싶다면? 과연 나는 홀로 있을 자유 혹은 고독할 권리를 누릴 수는 없는가?

이 질문에 대해 단적으로 말하면, 관계를 중시하는 한국사회에서 나의 이러한 권리는 전혀 보장받고 있지 못하다. 갓난아기일 때부터 어른들은 이 권리에 대한 인식이 전혀 없었다. 내가 눈을 뜨고 있는 동안 그들은 끊임없이 나의 사회화를 위해 고군분투했다. 웃고 싶지 않은데도 어르고 달래면서 억지웃음을 강요하곤 했다. 맘껏 울고 싶은데도 어른들은 우는 나를 내버려 두지 않고 허둥대며 울음을 그치게 하려 갖은 애를 썼다. 열 달 동안 엄마의 캄캄한 뱃속에서 나는 절대고요와 고독을 즐기고 있었다. 그런데 태어나는 순간 내가 누리던 평화는 깨지고 안식을 잃었다.

한 살 두 살 나이를 먹으면서 어른들에게 숨기고 싶은 은밀한 비밀도 많아졌다. 자연스레 홀로 조용히 머물고 싶은 시간과 공간이 필요했다. 어떤 때는 또래 친구와 어울려 노는 것이 재미있었지만 더러 나는 더 많은 시간을 혼자 있고 싶었다. 하지만 이런 바람과는 달리 어른들은 나를 내버려 두지 않았다. 어른들의 사회적 관계 맺기 강요는 집요하였다. 어찌하여 어른들은 홀로 있는 나를 이해하지 못하고 당황해하며 불안해했을까?

고립! 어쩌면 이 때문이 아닐까? 한자어로 외로울 고孤 설 립立 자를 쓰는 고립은 남과 어울리지 못하고 외톨이가 되는 상태를 뜻한다. 누구나 한두 번쯤은 경험했을 것이다. 수많은 인파가 오가는 도시의 한복판에서 자기 혼자만 외로이 우뚝 서 있을 때의 그 외로움과 소외감을 말이다. 고독과 고립은 똑같이 '외로울 고孤' 자를 쓰고 있다. 하지만 '외롭게 홀로'를 뜻하는 고독보다 '외롭게 서있는' 고립은 더 절망적인 느낌으로 다가온다. 고독은 고립의 원인은 될 수 있지만 고독하다고 하여 모든 사람이 고립되지는 않는다. 이에 반하여 고립은 그원인을 묻지 않고 곧 사회관계의 단절이자 자신이 속해 있는 조직이나 공동체에서 배제되고 소외됨을 의미한다.

우리 사회는 오랜 세월 "돌격 앞으로!" "하면 된다!" 식으로 다분히 군사문화와 성과주의의 지배를 받았다. 군복무를 해본 남성들은 안다. 군대에서 열외란 대단한 특혜 아니면 패배자(고문관)다. 원칙과 예외, 이 양자의 조화와 균형은 바람직한 사회를 유지하는 데 아주 중요한 덕목이다. 만일 둘 중에서 어느 것이 우선해야 하는가를 선택하라면 두말할 것도 없이 원칙일 것이다. 누가 뭐래도 예외 없는 원칙이 적용되는 사회가 바람직한 모습이다. 하지만 우리 사회의 모습은 어떤가? 예외가 원칙을 송두리째 흔드는 일이 다반사로 일어난다. 정의가 곧 힘이 아니라 힘이 곧 정의인 사회, 원칙보다는 예외가 폭넓게 허용되는 사회다.

이런 사회를 우리는 비민주적인 사회 내지는 권위주의사회라고 한다. 개인이 '나'의 모습을 규정하지 못하고 집단이나 국가가 '나'의 모습을 강제하고 통제하는 사회에서 '나'는 늘 거울 앞에 벌거숭이 알몸으로 서있다. '나'는 '너'와 '그' 혹은 '우리'와 끊임없이 관계 맺기에 골몰해야 하고, 홀로 있기는 사회성이 떨어지는 외톨이로 금기시된다. '나 아닌 나'의 쓸데없는 간섭과 수다를 참고 견디지 않고는 '나'의 노력에도 불구하고 모든 사람과의 관계는 한순간에 단절되고 만다. 홀로 됨 혹은 고독한 사람(고독자)으로서 누리는 '나'의 자유와 권리 주장은 아직도 요원하기만 하다.

평소 나는 조용히 산다. 집과 연구실을 오가며 책 읽고 글을 쓰는 게 일상이다. 그러다 가끔은 세상에 나가 사람들을 만나 대화를 나눈다. 굳이 고독 운운하지 않더라도 나의 일상은 충분히 고독하다. 하지만 누구나 그 평범한 일상을 누릴 수 없기에 나의 고독은 하나의 특권이다. 만일 내가 대학교수라는 '특권적' 지위에 있지 못하다면 나는 홀로 됨-고독을 누릴 수 없을지도 모른다. 이처럼 홀로 됨-고독을 누릴 수 있는 자유와 권리는 우리 사회에서 이미 하나의 특권으로 굳어져 버렸다.

하지만 사회적 지위와 신분을 떠나 누구나 충분히 고독을 누리고 즐길 수 있어야 한다. 그것이 타인의 강제나 강요가 아니라 자신이 선택한 삶일 때는 더욱 고독할 자유와 권리를 보장해야 한다. 혼자 밥 먹고 술 마시고 잠자고 여행하는 게 뭐 그리 어색한가? 남 눈치 볼 일은 더더욱 아니다. 세상의 시각과 기준에 따라 남과 어울려 밥 먹고 술 마시고 어느 나이가 되면 결혼하고 아이 낳고 사는 것만이 정상적인 삶은 아니지 않은? 누가 자신은 좀 더 고독하고 싶다면 그의 선택을 존중하면 된다.

　문제는 고립이다. 누구나 자신이 원하는 고독을 즐길 수 있다. 하지만 고립은 피해야 한다. 고독을 즐기되 고립은 피하라! 고독은 자유이고 권리일 수 있지만 고립은 좌절이고 절망이기 때문이다. 속도와 경쟁, 그리고 효율이 지배하는 우리 사회에서 나는 좀 더 고독할 수 있는 자유와 권리가 있다. 이때 고독을 즐긴다고 하여 나를 세상에서 고립시키거나 유폐시켜서는 안 된다. 마찬가지로 세상도 그런 나를 배제하고 소외시키지 말아야 한다. 고독을 즐기되 우리의 따뜻한 가슴과 시선은 고립에 머물러야 한다. 이 사회에서 소외되고 고립된 수많은 '나'와 '우리'를 어떻게 보듬어 안을 것인가. 사회적 연대는 이 지점에서 출발해야 한다.

제37화

끽다거 - 차나 한 잔 드시게

사람들이 찾아와 "불법이 무엇입니까?"고 물을 때마다 조주선사는 이렇게 말했다. "끽다거喫茶去- 차나 한 잔 드시게."

선사는 대중에게 이런 말을 하고 싶었던 게 아닐까? 불법이란 거창하거나 요란스러운 게 아니다. 깨달음이란 차 한 잔 마시는 것과 같으니 불법이니 도道니 진리니 이 모든 것에 걸려 허우적대지 마라. 한 소식 들었다고 까불지 말고 묵묵히 수행 정진하라. 마 세 근麻三斤이든 마른 똥막대기乾屎厥(간시궐)든 바로 지금 여기서 네가 보고 듣고 느끼는 것에 집중하라. 네가 내뱉고 들이쉬는 호흡과 호흡 사이에 삶과 죽음의 경계가 있다. 그러니 찰나(순간)와도 같은 삶과 죽음을 성찰하라.

나는 조주선사의 끽다거란 말을 좋아한다. 진리를 구하겠다며 달마 앞에서 자신의 한쪽 팔을 자른 혜가선사처럼 너무 비장하지도 않다. 끽다거-차나 한 잔 드시게. 이 말은 청빈하고 단아하며, 질박하다. 깨달음이란 우리 가까이 있다. 아침에 일어나 마시는 차 한 잔이나 커피 한 잔에서 우리는 능히 깨달을 수 있다.

이런 말을 하는 나도 예전에는 '차 한 잔'이 아니라 '술 한 잔'을 즐겨 마셨다. 마시고 싶을 때도 마시고, 마시고 싶지 않아도 마시는 게 술이다. 술을 마셔야 하는 이유도, 마시지 않아야 하는 이유도 수백 수천 개다. 그만큼 때와 상황에 따라 그냥 마셨다.

시골에서는 술에 대해 다분히 관용적이었다. 내가 어린아이일 때도 어른들은 "사내자식이 술 한 잔 정도는 해야지."라며 술잔을 건네곤 했다. 어떤 때는 어른들이 내민 술잔을 겁 없이 건네받고 마셨다가 술에 취해 헤롱헤롱 헤매기도 했다. 술심부름을 하다가도 골목길에 접어들어 누가 보지 않으면 주전자의 주둥이를 입에 대곤 한두 모금씩 마셨다. 청소년기에는 또래들과 어울려 마셨고 청년기에는 더 많이 마셨다. 군대와 학교, 그리고 사회는 온통 술판이었다.

나는 술을 자주 마시는 편은 아니었다. 문제는 한번 마시면 1차에서 끝나지 않고, 2·3차로 이어져 끝장을 보는 나쁜 습관에 있었다. 게다가 술을 마실 때 안주를 먹지 않았다. 이런 음주습관은 나이 들수록 몸에 엄청 부담이 되었다.

유학을 갔다 오니 학계에도 '폭탄주' 바람이 불었다. 위스키에다 맥주를 섞어 자기 나름의 조제법으로 묘기를 선보이곤 했다. 한두 잔이면 폭탄주도 괜찮다. 하지만 술이란 게 어디 그런가? 한 잔이 두 잔이 되고, 술이 술을 먹고, 종국에는 술이 사람을 잡아먹는다.

어떤 행위를 오랫동안 되풀이하는 과정에서 저절로 익힌 행동 방식을 습관이라 한다. 한자어로 습習 자를 풀이하면, 새가 날갯짓을 백 번 되풀이하는 것을 뜻한다. 어린 새가 날기 위해 되풀이하여 날갯짓을 하듯 習습은 곧 濕습이다. 좋은 습관이든 나쁜 습관이든 물에 한껏 젖어 있어 일관된 행동으로 나타난다. 나는 나쁜 음주 습관에 젖어있어 수렁에 빠져 헤어 나오지 못하고 계속 바닥으로 가라앉고 있었다. 어리석기 그지없고 지금 생각해도 얼굴이 화끈거리고 부끄럽다.

술을 마시고 숙취로 쓰린 속을 부여잡고 끙끙댈 때마다 "술을 끊어야지. 절주를 해야지." 다짐하곤 했다. 마땅히 그랬어야 했다. 그럼에도 고약한 습관에서 벗어나지 못하고 또다시 술을 마시고 후회하는 일을 되풀이했다. 그러던 중 사단이 일어났다. 어느 날부터 가슴이 불타는 듯 화끈거렸다. 목은 옥죄는 듯 따가웠고 속이 울렁거리고 온종일 기분이 나빴다. 역류성 식도염이었다. 보통 한 달 정도 약을 먹으면 증상이 완화된다고 했다. 하지만 증상이 워낙 심해 아무리 약을 먹어도 위산의 역류가 억제되지 않았다.

나는 왜 이리 어리석을까? 어찌하여 모든 것을 잃고 난 후에야 뼈저리게 후회하고 반성할까? 몸으로 익히지 못하고 관념으로 익힌 지식의 부실함이 대개 이런 모습이다. 입으로는 하늘을 가질 듯 떠들었지만 정작 내 한 몸 지키지 못한 꼴이 한심하기 그지없었다. 마음속 깊이 자리한 탐욕과 분노, 무지(어리석음)는 깨달음을 가로막는 세 가지 독버섯이다. 머뭇대지 말고 단박에 잘라야 한다. 그리하여 잘못되고 허상과 미몽에 빠진 나를 자르고 죽이고 뛰어넘어 바른 깨달음을 얻어야 한다.

불어로 르네상스renaissance는 '다시 혹은 거듭 태어남'을 말한다. 이 단어를 대문자 R로 쓰면, 문예부흥기로 불리는 르네상스Renaissance가 된다. 어떤 의미에서든 르네상스는 소생, 재생 혹은 부활이다. 기존의 나쁜 사고나 행동 또는 습관을 버리고 새로운 체제나 흐름으로 다시 태어남이다. 개인으로서는 과거의 나를 버리고 현재의 나로 새롭게 태어남이다. 온몸과 마음이 걸레처럼 너덜너덜해진 나는 르네상스가 필요했다. 결단을 해야 했다.

얼키설키 꼬이고 헝클어진 실타래가 있다. 어떻게 하면 실타래를 가지런히 정리하겠는가? 한 올 한 올 풀어가는 방법도 있을 것이다. 날카로운 칼이나 가위로 실타래를 싹둑 잘라야 한다. 그러고는 조각 난 실을 마디마디 이으면 된다.

술도 마찬가지다. 끊으려면 단박에 끊어야 한다. 하루 이틀 이런 식으로 미루다 보면 끊을 수 없다. 술에 대한 미련은 없었다. 누구 말마따나 "내가 해봐서 아는데", 나도 술 좀 마셔봐서 아니까.

술자리에 가면 술잔에 물을 따른다. 물 잔으로 건배하고 마신다. 인간에게 최고의 음료는 물이다. 물도 찬찬히 음미하면 나름의 맛도 있고, 향기도 있다. 술을 마실 때는 물맛을 몰랐다. 술을 마시지 않으니 술맛보다 물맛이 좋다. 누가 "왜 술을 마시지 않는가?" 물으면, "식도염 때문입니다."라고 대답한다. 더러는 "주선酒仙이 즐기는 궁극의 술이 무언지 아십니까? 현주玄酒, 바로 물입니다. 저는 현선玄仙이 되어 우화등선하렵니다."라고 농담 삼아 말한다.

무술이라고 불리는 현주는 제사 때 술 대신 쓰는 맑은 찬물을 말한다. 죽은 조상에게 술이 아니라 맑은 물을 올리니 현주는 헌주獻酒인 셈이다. 술을 금기시하는 불가에서도 부처님께 차를 올리는 다례茶禮를 최고의 공양으로 여기니 내가 하는 말이 그저 빈말은 아니다. 나로서는 잃은 건강을 되찾고 나쁜 음주습관을 극복하기 위하여 물을 선택했지만 주도酒道의 처음이자 끝은 현주, 즉 물이다.

오늘도 이런저런 일로 사람들은 술을 마신다. 술이든 일이든 적당히 할 수 있으면 무슨 탈이 있으랴. 적당히 살기에는 세상은 거칠고 현실의 삶은 목 끝까지 숨이 차오른다. 그 현실과 세상이 술을 부르고, 술이 현실과 세상을 부른다. 밤새 한껏 마신 술이 남긴 숙취로 오늘도 쓰라린 위장을 부여잡고 있을 여러분에게 권한다.

끅다거.

차나 한 잔 드시게.

제38화

나는 매일 속세로 출가한다

나는

속세로 출가한다

미련도

애증마저도 버리고

현실을 도량 삼아

번민과 고통을 스승으로 모신다

오욕칠정으로 불타는 속세에서

밝고 고요한 마음 가눌 수 없다면

속세 떠나 출가한들

그 마음 붙들 수 있으리

백 번을 출가하고

백 번을 환속하고

백한 번째 출가한다

속세로

졸시집 『바람구멍』에 실린 「출가」라는 제목의 시다. 이 시에 쓴 것처럼 나는 매일 속세로 출가한다. 백 번을 출가하고 백 번을 환속할지라도 아침에 눈을 뜨면 또다시 출가한다. 그 백한 번째의 출가도 산중 암자가 아니라 속세. 속세는 나를 살리고 죽게도 만드는 수행처이자 도량이다.

한창 정신적으로 방황하던 고등학교 때 여러 사찰을 찾아다니며 헤맨 적이 있다. 그러다 대학교 3학년 여름방학 때 대구 황금동에 있는 조그만 사찰에 둥지를 틀고 앉아 스스로 붓다의 제자(불제자)가 되었다. 그 절에는 6주 동안 머물렀는데, 스님이 내게 지시했다. 첫 3주는 염송을, 나머지 3주는 하루 천 배씩 총 이만 천 배를 하라.

절에 머물면서 승복 바지를 입고 법회에 참석하여 염송하고 절 하는 나를 보며 보살님들은 안타까운 듯 끌끌 혀를 찼다. "거사님은 무슨 사연이 있기에 젊은 나이에 우짤라꼬 스님이 될라카노." (절에서는 여성 신도를 보살, 남성 신도를 거사라 한다) 보살님들의 우려와 달리 나는 출가하여 수행승이 될 생각이 추호도 없었다. 곁눈질하며 지켜본 수행승의 삶은 그야말로 형극의 길이었다. '수행승처럼 살면 속세에서 이루지 못할 일이 없다'는 게 솔직한 생각이었다. 예나 지금이나 어디에 얽매여 사는 삶을 죽기보다 싫어한다. 그런 내가 엄격한 규율을 지키며 도무지 한평생 절에서 살 자신이 없었다.

부처님 생존 당시 유마힐이라는 장자가 있었다. 그는 결혼하여 가정을 이루고 살면서도 큰 깨달음을 얻은 각자覺者였다. 어느 날 부처님은 수보리를 비롯한 10대 제자들에게 병석에 누워있는 유마거사를 문병하라고 지시한다. 하지만 모두 스승의 요청을 받아들일 수 없다며 극구 사양한다. 그 이유는 유마거사는 자신들보다 훨씬 뛰어난 선지식善知識이므로 문병할 자격이 없다는 것이다. 마지막으로 부처는 문수보살에게 문병을 지시한다. 문수보살은 자신도 문병할 자격이 없으나 스승의 말을 받든다. 유마거사는 자신을 문병 온 문수보살과 대승불교의 핵심에 대해 토론한다. 이때 유마거사의 "중생이 아프면 보살도 아프다."는 말은 오늘날에도 널리 회자되고 있다.

얕은 생각이지만 『유마경』은 내게 출가하지 않아도 되는 훌륭한 변명이자 도피처를 제공해 주었다. "엄격한 규율과 뼈를 깎는 수행을 하지 않더라도 유마거사처럼 속세에서도 '한 소식'을 들을 수 있겠구나." 이렇게 스스로를 위로하며 나 자신에게 말했다.

"나는 산속이 아니라 속세로 출가한다."

사실 세속은 큰 배움터이자 도량이다. 산속으로 출가하든 아니면 속세에서 일상의 삶을 살든 그것은 하나의 방편이다. 누구나 마음만 굳게 먹고 수행정진하면 바른 깨달음을 얻을 수 있다. 몸은 산속에 있어도 마음은 속세에 머물러 있다면 제아무리 고된 수행을 해도 깨달음에 이를 수 없다. 반대로 속진에 찌든 현실에서 오욕칠정으로 점철된 삶을 살지라도 바른 생각과 수행을 하면 누구나 선지식이 될 수 있다.

기독교를 믿는 어느 선배 교수는 내게 여러 번 교회에 가자고 권유했다. 그때마다 내 대답은 한결같다. "선배님, 제게 교회나 절은 그리 큰 의미가 없습니다. 저는 정기적인 예배나 법회에 나가는 것을 싫어

하고 그것을 구속이나 속박으로 받아들입니다. 무엇보다 저는 제가 서있는 바로 지금 이 자리가 교회이자 법당이라고 생각합니다."

이 말은 그저 선배의 제안을 모면하기 위한 교묘한 수사나 변명이 아니다. 밥 먹고 걷고 움직이고 말하는 일상의 삶이 모두 깨달음으로 나아가는 구도의 과정이다. 내가 먹는 밥 한 숟가락이나 한 톨의 쌀이 담고 있는 생명과 우주의 본질과 현상을 가만히 관찰하고 궁구하면 절로 마음이 숙연해진다. 공부할 거리는 도처에 널려있다. 나를 둘러싸고 있는 모든 상황이 나를 가르치는 훌륭한 텍스트이자 스승이다. 나는 늘 부족하지만 모든 게 충분하다. 부족하면 채우고 넘치면 덜어내면 된다.

자등명 법등명은 부처의 유훈이다. 스승의 죽음이 가까워진 것을 직감한 아난다는 더 이상 스승에게 배우지 못하고 의지할 사람 없이 홀로 남겨질 것을 두려워한다. 아난다가 슬퍼하며 부처에게 물었다. "부처님께서 열반하시고 나면 제자들은 누구를 믿고 의지해야 할까요?" 이 말에 부처는 가볍게 제자를 질책한다. "나는 이미 그대들에게 모든 것을 말하였다. 무엇이 두려운가?" 그런 스승에게 아난다는 한 말씀만 들려달라고 간청한다. 제자의 청을 거절하지 못하고 부처는 마지막 설법으로 자비를 베푼다. 그 말은 부처가 생전에 남긴 마지막 말이자 유훈이 되었다.

"자신을 등불(스승)로 삼고, 진리를 등불(스승)로 삼으라!"

나는 이 말을 가슴 깊이 받아들였다. 세상에 지식은 차고 넘친다.

내가 아무리 애를 쓰고 노력한들 무슨 수로 그 많은 지식을 배우고 익힐 수 있으랴. 방법은 단 하나. 지식의 명줄을 따야 한다. 핵심을 곧장 치고 들어야 하는 것이다. 인간은 영생할 수 없다. 그런 존재인 인간이 '내일, 다음에'라며 차일피일 미루고 머뭇거리다 청춘의 시간만 헛되이 보내는 것보다 더 어리석은 일이 없다. 생각만 하고 행동은 굼뜨면서 갖은 변명만 늘어놓는 이들과는 도반이 될 수 없다. 그들과 함께 갈 바에야 차라리 고독할지라도 무소의 뿔처럼 홀로 걸어가는 게 낫다.

죽음을 눈앞에 둔 스승의 입에 귀를 갖다 대고는 제자들이 묻는다. "여전히 성성하십니까?" 제자들은 스승에게 "삶과 죽음은 하나"라는 생사일여生死一如의 참뜻을 확인하고 싶은 것이다. 만일 그렇다면 죽는 그 순간까지도 스승은 화두를 꽉 붙잡고 있어야 한다. 죽음 앞에서도 평정심을 잃지 않고 흔들림이 없어야 한다. 세속의 관점에서 보면 불손하기 이를 데 없는 광경이다. 하지만 스승은 마지막 순간까지도 제자들에게 가르침을 베푸는 자비심을 잃지 않는다. 스승이 말한다. "까딱없다."

삶과 죽음은 빛과 그림자다. 삶이 없으면 죽음도 없고, 태어남이 없다면 삶도 없다. 태어난 이상 모든 인간은 죽는다. 죽고 싶지 않다면 태어나지 않으면 될 일이고, 다시 태어나고 싶지 않다면 윤회하는 생사의 고리를 끊어야 한다. 그 고리를 어떻게 끊을 것인가. 매 순간 죽고 매 순간 살아야 한다. 끊임없이 죽고 살면서 삶과 죽음의 현상과 본질을 깨달아야 한다. 그 깨달음을 위하여 나는 오늘도 산속이 아니라 속세로 출가한다.

제39화

아는 것을 안다 하고 모르는 것을 모른다 하라

"아는 것을 안다 하고 모르는 것을 모른다 하라. 그것이 진정한 앎이다."

『논어』 「위정」 17장에 나오는 말이다. "안다는 것(知)이 무엇인가?"라는 제자 유由의 질문에 스승 공자는 위와 같이 말한다.

이 짧은 문장에는 참으로 깊은 뜻이 내포되어 있다. 누구든지 자신이 무엇을 알고, 또 무엇을 모르는지 알면 그는 이미 대학자 혹은 선지식이라고 할 수 있다. 큰 깨우침을 얻은 그에게 자잘한 지식이란 군더더기에 지나지 않는다. 평생 공부꾼으로 살아가는 나는 수시로 공자가 말하는 '진정한 앎'에 대해 성찰한다.

수업 중 학생들에게 질문을 즐겨한다. 단순하든 복잡하든 대부분의 학생들은 선생의 질문을 그다지 좋아하지 않는다. 아주 자신감 있게 대답하는 일부 학생을 제외하면 대부분 질문을 어려워하고 두려워하며, 또 잔꾀를 부려 회피하려 한다. 학생들이 즐겨 사용하는 대답은

"잘 모르겠습니다."이다.

이때 나는 "아, 그런가?"하며 절대 그냥 넘어가지 않는다. "알겠네. 조금만 생각해 보고 다시 대답해 주게."라고 하든가, 아니면 "뭘 모르지? 무엇을 모르는지, 무엇이 이해되지 않는지, 그것을 내게 설명해 주게."라며 학생들의 약점을 파고든다. 우물쭈물 횡설수설하는 학생들에게 내가 즐겨 인용하는 문장이 바로 "知之爲知之 不知爲不知 是知也(지지위지지 부지위부지 시지야)"이다. "아는 것을 안다 하고 모르는 것을 모른다 하라. 그것이 진정한 앎이다."라는 공자의 말이다.

나는 무엇을 알고 모르는가? 이 질문에 대한 진지한 탐구와 성찰은 앎 혹은 지식을 추구함에 있어 아주 중요하다. 앎과 모름, 즉 지知와 부지不知의 경계를 관찰하고 성찰함으로써 우리는 비로소 자신이 얼마나 또 무엇을 알지 못하는지 깨닫는다. '안다는 것'에 대한 자부심이나 자신감과 함께 '모르는 것'을 통해 겸손과 겸양의 태도를 배울 수 있다.

우리가 가정과 학교에서 자녀와 학생들을 가르칠 때 '안다는 것'과 '모르는 것' 중에서 어디에 중점을 둬야 할까? 당연히 전자보다는 후자다. 만일 자녀와 학생들이 "이것은 알겠는데, 이것은 모르겠어요."라고 대답하면 크게 칭찬해야 한다. 그들은 이미 제대로 알고 있는 것이다. 문제는 부모와 교사의 잘못된 반응이다. 자녀와 학생들이 아는 것은 당연하게 여기면서 모르는 것에는 불같이 화낸다. "뭐, 그 쉬운 것도 몰라? 도대체 뭘 한 거야? 정신 똑바로 차려." 이런 식으로 윽박지르면 아이들의 사고는 영영 닫히고 만다. 아는 것은 좀 더 깊이 알 수 있도록, 모르는 것은 무엇을 모르는지 가르치고 깨우쳐 제대로 알도록 이끌어야 한다.

인간이 불행한 이유는 다양하지만, 그 근본 원인은 자족을 모르기 때문이다. 만일 우리가 "이만하면 됐어."라며 탐욕과 분노, 그리고 무지를 인식하고 그 자리에서 딱 멈출 수 있다면 얼마나 좋을까?

좀 더 많은 물질을 가져야겠다, 출세해야겠다, 좋은 학교에 들어가야겠다는 식으로 우리의 욕망은 끝이 없다. 욕망의 끝이 어딘지도 모른 채 치달리고 경쟁하며 입에 거품을 물고 산다. 자신과 뜻이 맞지 않거나 현실 상황이 여의치 않으면 분노로 어쩔 줄을 모른다. 자신의 주변에는 믿을 사람 한 명 없고 모두 원수나 적이다. 분노로 인한 적의는 종국에는 자신의 삶을 뿌리째 불태우고 만다. 탐욕이든 분노든 자제와 절제를 모르니 어리석기 그지없다. 그게 바로 무지다. 공자가 말한 지知와 부지不知는 붓다가 말한 탐진치와 그 본질이 같다. 나는 무엇을 욕망하는가? 왜 이토록 분노하는가? 그 경계를 성찰하여 자신이 무지하고 어리석음을 알아야 한다. 그 정도의 앎이나 지식의 수준에만 이르러도 우리는 미혹에 빠져 허우적대지 않을 수 있다.

사람들로 하여금 무지에 빠지지 않고 진정한 앎(지식)을 가질 수 있도록 이끄는 중요한 역할을 하는 사람이 있으니 바로 스승이다. 스승은 엄격하면서도 다정하고 친절한 길잡이가 되어야 한다. 만약 스승이 엄격하기만 하고 다정하거나 친절하지도 않다면, 그가 아무리 많은 지식을 가지고 있다 한들 쓰일 데 없다. 우리가 앎 혹은 지식을 구하고 갈고닦는 이유는 후학들을 가르치고 베풀기 위함이다. 그를 통해 스승은 자신의 온몸과 마음을 후학들이 성장할 수 있는 밑거름으로 바쳐야 한다. 그게 스승의 제자를 위한 사랑이자 자비다. 원칙과

정의를 말하고 가르칠 때는 호랑이보다 무섭고 엄격해야 한다. 하지만 구체적인 지식의 내용을 가르치고 이끌 때는 어버이의 심정으로 다정다감하고 친절한 태도를 취해야 한다.

인류의 큰 스승으로 추앙받고 있는 붓다와 예수, 공자와 소크라테스의 언행을 기록한 문헌들을 읽어보면, 그들의 태도는 한결같다. 그들이 가진 모든 지식을 제자들에게 아낌없이 나누고 베푼다. 잘나고 똑똑한 제자들에게는 높은 수준의 지식으로, 이해력이 떨어지는 제자들에게는 그들의 눈높이에 맞는 말과 행동으로 설명한다. 우리 교육 현장의 병폐로 지적받는 '최상위 1%'만을 위한 가르침은 눈 씻고 읽어봐도 보이지 않는다. 스승들은 제자들이 잘나면 잘난 대로 못나면 못난 대로 사랑과 온 정성을 다하여 그들을 지적·영적으로 성장하도록 이끈다.

모름지기 선생의 마음가짐이란 이래야 한다. 선생이 제자를 가르칠 때 누구를 편애하고 차별하는 것만큼 나쁜 것은 없다. 만일 편애하고 차별하는 태도로 제자를 가르치고 있다면, 그는 선생의 자격이 없다. 이런 선생에게는 배우고 얻을 게 없다. 그런 선생은 초심의 학생으로 돌아가 엄한 선생에게 다시 배워야 한다. 그런 선생이 내 앞에서 다시 배운다면 일단 '몽둥이 석 대'를 후려친 연후에 가르칠 것이다. 선생의 가르침은 단순한 앎과 지식을 넘어 사랑과 자비의 실천이기 때문이다.

제40화

나는 어디에, 또 무엇에 목숨을 걸 것인가

                                       누구나 살고 죽는다. 죽기 위해 살지는 않지만 죽음은 피할 수 없다. 우리는 죽기 전까지 산다. 삶의 최전선은 죽음이다. 죽음 이후의 삶과 세상은 알 수 없다. 기독교와 불교에서는 천국과 지옥, 불국토를 말한다. 하지만 깨달은 눈으로 죽음 이후의 삶과 세상을 보거나 경험하지도 못한 내 인식의 한계는 살아 숨 쉬는 현재의 삶이다. '지금 여기' 현전하는 삶이 곧 나의 실존이다. 그 이외모든 가치와 이념, 사상과 관념은 모두 허구다.

    한 번씩 가부좌를 틀고 앉아 숨을 내쉬고 들이마시며 명상을 한다. 처음에는 몸과 마음이 고요하지 못하고 들떠 있고 자세도 안정되지 못하고 숨도 고르지 못하다. 몸과 마음을 추스르며 가만히 자신을 마주하고 있노라면 이내 숨이 깊어진다. 5초, 10초, 15초… 이렇게 들숨과 날숨에 집중하다 보면 어느새 한 호흡이 30초를 들이쉬고 30초를 내쉬는 60초-1분 호흡으로 늘어난다. 호흡이 깊어질수록 사념은 사라지고 내면은 평온하고 평화로운 호수처럼 잔잔하다.

명상을 하는 중에 더러 사념에 빠지거나 잡념이 치고 들어와 숨을 놓치는 수가 있다. 그럴 때면 나도 모르게 턱 하니 숨이 막혀 심장이 조여드는 고통으로 심신의 조화를 잃는다. 그때마다 내 목숨과 삶이 한 줄기 호흡과 호흡 사이에 있음을 느끼고 깨닫는다.

일상의 삶에서 우리는 2~3초라는 짧은 순간마다 숨쉬기를 거듭한다. 인위적으로 숨을 참고 견디는 경우라도 30초 버티기가 쉽지 않다. 30초란 하루 24시간 일 년 365일 평균수명 80세에 비춰보면 찰나와도 같은 시간이다. 우리의 삶이란 이토록 짧고 그 경계는 죽음과 맞닿아 있다. 30초의 숨도 참지 못하는 우리가 영생을 꿈꾸는 것은 헛되고 부질없는 일이다. 그보다 더한 욕심이 없고 어리석은 일도 없다.

지금-여기의 삶을 사는 나는 다음이나 내일을 기다리거나 기약하지 않는다. "다음에 봐요." 란 말은 보통 인사치레에 지나지 않는다. 진정성을 담은 말이라도 그 끝은 같다. 그 말은 공염불이 될 수도 있다. 그 말을 내뱉자마자 내가 내딛는 다음 발걸음이 어디로 향할지, 또 무슨 일이 일어날지 알 수 없다.

내가 오로지 알 수 있고 책임질 수 있는 것은 지금-여기뿐이다. 그러니 내가 목숨을 거는 시간은 '지금' 이란 순간의 현재이고, 공간은 '여기' 라는 현전하는 현실이다. 그 이외 어떤 것에도 나는 목숨을 걸 수 없다. 아니 걸 생각도 없다.

이렇게 말하는 나를 혹자들은 신랄하게 비난하고 비판할지도 모르겠다. 저런 지독한 현실주의자, 염세주의자라니. 미래에 대한 꿈과 이상, 희망과 비전도 없이 오로지 현실의 삶에 목을 매고 집착하는 속물이라니.

월트 휘트먼은 그의 시집 『풀잎』에 실은 첫 번째 시 「나 자신의 노래」를 이렇게 시작한다. "나는 나 자신을 찬양한다." 그리고 마지막 시 「나의 신화들은 위대하다」의 마지막을 다음 문장으로 끝맺는다.

> "위대하다, 삶이여… 구체적이고도 신비롭다… 어디서든 누구라도,
> 위대하다 죽음이여… 삶이 모든 부분들을 함께 묶고 있듯 분명 죽음은 모든 부분들을 함께 묶는다.
> 별들이 빛 속으로 녹아든 후 다시 돌아오듯, 분명 죽음은 삶처럼 위대하다."

나 자신을 찬양하는 나의 삶은 위대하고 구체적이고 신비롭다. 그러나 그 삶보다 위대한 것이 죽음이다. 삶만이 모든 부분들을 함께 묶을 뿐 아니라 죽음도 그러하다. 죽음은 삶처럼 위대하다, 별들이 빛 속으로 녹아든 후 다시 돌아오듯이. 휘트먼은 기독교에 바탕을 둔 자신의 영생관을 시집 『풀잎』에 투영하여 파블로 네루다에게 '진정한 미국인의 이름을 갖게 된 첫 번째 시인'이란 평가를 얻는다.

휘트먼(혹은 지지자들)의 시각에서 보면, 지금-여기에 목매는 나는 현실의 삶을 중시하고 죽음을 가벼이 여긴다고 비난할지 모르겠다. 하지만 "죽음은 삶처럼 위대하다."는 그의 시구처럼 나도 똑같은 생각을 갖고 있다. 다만 나는 이렇게 생각한다. 삶은 죽음에 이르는 과정이고 죽음을 통해 삶은 온전해지고 완결될 뿐이라고. 휘트먼의 시구처럼 "별들이 빛 속으로 녹아든 후 다시 돌아오듯" 내생 혹은 현생에서 또 다른 나로 태어날지 나로서는 알 수 없다. 삶의 마지막 순간인

죽음 앞에서 나의 유일하고 마지막 소망은 다시 태어나지 않는 것이므로.

인연에 얽매여 윤회하고 연기하는 생사의 수레바퀴라는 거대한 굴레에서 빠져나오려면 지금-여기에서 깨달아야 한다. 단박에 깨닫고 곧장 실천하든(돈오돈수), 아니면 단박에 깨닫고 서서히 실천하든(돈오점수) 깨닫지 않고는 모든 게 도루묵이다. 그런 연후에 부단히 실천하고 수행해야 한다. 어디서? 지금-여기에서. 내가 살아 숨 쉬고 있는 지금-여기에서 깨닫지 못하고, 또 깨달은 바를 실천하지 못한다면 수백 수천 번을 거듭하여 태어난들 무슨 소용 있으리.

그러니 내게는 1분 1초가 소중하다. 내가 살아서 내뱉고 들이쉬는 한 숨 한 숨이 귀하기 그지없다. 내가 먹는 한 끼 밥 한 잔의 물에 감사하고, 인연으로 다가오는 사람과의 만남과 대화에 최선을 다할 수밖에. 지금-여기는 한 번 지나가면 두 번 다시는 돌아올 수도 없고, 되돌릴 수도 없다. 삶 이후 죽음의 세상이 어떨지 나는 알 수 없다. 알 수 없고 볼 수 없는 일에 얽매여 지금-여기의 나를 소비하는 것은 어리석다. 매 순간 살고 죽는 나는 매 순간 '새로운 나'로 태어난다. 지금-여기서 과거의 죽은 나를, 미래에 존재하지도 않는 나를 찾지 말라.

나는 지금-여기에서 살고 죽는다. 매 순간 태어나고 죽기를 거듭하는 현실에서 '새로운 나'를 찾아라! 오직 그뿐!

에필로그

    오십 대 초중반에 이 글의 초안을 잡았다. 틈나는 대로 글을 써서 브런치나 페이스북과 같은 디지털매체에 올리곤 했다. 몇 해 전에는 원고를 다듬어 출판을 준비했는데 마지막 단계에서 마음을 접었다. 내 나름으로는 살아온 인생을 정리하고 되돌아보면서 '자성' 할 시간을 가지고 싶었다. 하지만 현직에 있는 교수가 전문학술서나 논문이 아닌 '잡문' 을 펴내는 데 대한 세상의 비난을 넘어설 자신이 없었다. 이런저런 이유로 원고를 가슴에 묻었다.

    작년(2023) 여름 땅이 흔들리고 하늘이 무너지는 것과 같은 충격적인 일을 겪었다. 그해 늦은 봄부터 흉통과 허리 통증으로 애를 먹고 있었다. 소화기내과, 정형외과, 통증의학과, 한의원 등을 다니며 치료를 해도 증상이 호전이 되기는커녕 오히려 악화되었다. 어느 날 내 몸 놀림을 본 소화기내과 전문의가 종합병원에서 씨티촬영을 해보라 권고하며 소견서를 써주었다. 추천받은 병원에서 검진 결과 '자신들은 치료할 수 없다' 며 '곧바로 대학병원에 가라' 고 했다. 그길로 칠곡경북대병원 응급실로 이동하여 여러 검사를 받았다. 그 결과 병명도 생소한 '다발성골수종' 이란 확진을 받았다. 혈액암의 일종이라고 했다. 병의 진행속도가 워낙 빠른 탓에 곧바로 입원하여 각종 처치를 받았다. 난생 처음 수액을 주렁주렁 매달고 졸지에 암환자가 되었다.

젊은 시절부터 삶과 죽음의 경계에 대해 나름 깊은 성찰을 해온 터였다. 암이 주는 두려움에 휘둘리거나 내면의 큰 동요는 일어나지 않았다. 그러나 몸이 겪는 통증은 차원이 다른 문제였다. 마약성 진통제 없이는 극심한 통증을 견딜 재간이 없었다. 음식을 제대로 먹지 못하여 하루가 다르게 체중이 줄고 근력이 빠졌다. 아내에게 의지하지 않고는 한 걸음 떼기도 힘들었다. 4주를 한 주기로 하여 여섯 달 동안 항암치료를 하였다.

항암치료로 암바이러스는 사멸되었지만 부작용은 만만찮았다. 밤새 잦은 소변으로 깊이 잠들지 못하였다. 밤이면 발가락과 발바닥은 작은 벌레 수백 수천 마리가 달라붙어 기어가는 듯 자글거리다가 더러는 뜨거운 불에 덴 듯 화끈거렸다. 위장이 줄어들어 음식을 조금만 먹어도 만복감으로 온몸이 힘들었다. 변비와 허리통증도 성가시고 힘들기는 마찬가지였다. 다발성골수종이란 암이 남긴 전형적인 부작용이었다.

얼마 전 서가를 정리하면서 묵은 원고를 발견했다. 오랜만에 다시 글을 읽는데 여러 감회가 스쳐지나갔다. "이 글을 어떻게 할까?" 고민하였다. 아픈 내가 이번에도 또다시 '내일, 다음에' 미루다 보면 영영 출간할 수 없을 것 같았다. 부족함과 부끄럼 없는 인생은 없다. 그런 자신의 모습을 드러내는 일이 쉽지만은 않다. 이번에는 물러서지 않고 용기를 내어 출판을 진행하기로 했다.

'나이 오십'을 기준으로 학자로서 일상생활과 학문 활동에 몇 가지 큰 변화가 있었다. 본문을 읽고 이해하는 데 도움이 될 것 같아 보충한다.

먼저 일상생활 면에서 오랫동안 꿈꾸던 전원생활을 시작했다. 팔공산에 아담한 집을 짓고 텃밭을 가꾸며 자연생태적·친화적 삶을 살고 있다. 내가 시도하고 있는 텃밭농사의 원칙은 '채형복의 텃밭인문학'이란 주제로 〈영남일보〉에 연재하였다. 기후위기가 인류의 생존을 위협하는 절체절명의 시대를 살아가면서 거대도시 중심의 소비구조에서 벗어나 마을 중심의 작은 공동체를 복원해야 한다. 텃밭농사를 지으면서 깨달은 생태철학적인 삶의 지혜는 시집『무 한 뼘 배추 두 뼘』(학이사, 2021.)에 담아 펴냈다.

나는 평생 법학자로 살고 있다. 최근 활발하게 시작詩作을 하면서 시인·작가로 활동을 하다 보니 사람들은 나를 '법학자·시인' 혹은 '시인·법학자'로 부르곤 한다. 이제 그렇게 불려도 전혀 어색하지 않으니 시단詩壇의 말석을 차지하고 있는 셈이다. 하지만 나는 기본적으로 법학자이고, 유능한 시인이 될 자질은 부족하다. 그 사실을 비교적 명확하게 인식하고 있는 나는 내 학문의 기반을 법학에 두고 있다. 다만, 다른 법학자와 조금 다른 점이 있다면, 인접학문에 대한 호기심이 강하고, 법학과 다른 학문을 결합하는 등 새로운 시도를 두려워하지 않는다는 점이다.

박사학위를 취득하고 오십 대 중반까지 유럽연합EU법과 국제인권법을 중심으로 학술연구에 전념했다. 프랑스에서 귀국하면서 학문적 목표를 세웠다. "1년에 한 권 이상의 전문학술서를 발간하자!" 쉽지 않은 일이지만 박사학위 취득 후 20년 동안 그 약속을 지켰다. 술을 끊고 생활을 단순화하고는 집과 연구실을 오가며 수도승처럼 공부하고 생활하였다. 몸은 힘들었지만 마음은 평온하고 행복한 날들이었다.

이즈음 법학전문대학원(로스쿨)의 상황은 국제전문실무인력의 양성이라는 당초의 설립 취지를 잃고 서서히 변호사시험을 준비하는 사설 입시학원이 되어갔다. 국제법은 변호사시험의 선택과목이라는 이유로 설 자리를 잃고 폐강 신세를 면치 못했다. 국제법학자로서 자존심이 상하는 일이었지만 요동치는 현실을 바꿀 능력이 없었다. 현실 상황이 여의치 않다고 하여 학자로서 아무런 학문적 목표도 없이 먹고 놀 수는 없었다. 이 역설적인 상황을 반대로 이용하기로 했다. 평소 가슴에 품고는 있었지만 현실에 억눌려 시도할 수 없었던 새로운 학문을 연구하기로 마음먹었다.

2014년 4월 16일은 세월호참사가 일어난 날이다. 텔레비전 화면으로 세월호가 기울어지고 바닷속으로 서서히 가라앉는 모습을 지켜보면서 참담한 심경을 가눌 수 없었다. 명색이 국제법학자로 국가와 국가의 관계에 대해 연구하고 가르쳤으면서도 정작 국가와 개인이 어떤 관계를 맺어야 하는지에 대해서는 무관심하였다. 희생자와 유족에게 참회하는 마음으로 여러 편의 시를 써서 발표했지만 나의 어리석음을 대속할 수 없었다. 무릎 꿇고 살기보다 서서 죽기를! 거대한 국가권력에 맞서 싸우고 '국가 없는 사회'를 지향한 아나키스트들의 올곧은 정신을 한국사회에 알리고 싶었다. 그 결과물은 경북대학교 인문교양

총서로 『19세기 유럽의 아나키즘』(역락, 2019.)이란 제목의 단행본으로 출간되었으며, 세종도서에도 선정되었다.

이와 함께 나는 인접 학문을 융합하려는 새로운 시도를 하였다. '법과 문학', '유교와 인권'을 결합함으로써 '법문학'과 '인권유학'을 정립하는 일이었다.

법과 유학은 대한민국의 사회체제와 시민들의 가치관을 규율하는 상당히 강고한 법제도적·도덕 윤리적 관념을 형성하고 있다. 그 폐해가 적지 않음에도 사람들은 "우리나라의 법은 너무 약해."라든지 "젊은 세대들이 예의범절이 없어."와 같은 말을 스스럼없이 내뱉곤 한다. 이런 말을 들을 때마다 깊은 고민에 잠기곤 했다. 이 나라 이 땅의 법학자가 보기에 우리나라의 법체제는 상당히 엄격하고 강고하다. 우리의 사고와 행동거지를 규율하는 유교관념도 이에 못지않다. 자본가와 노동자, 기성세대와 젊은 세대, 여성과 남성 등 이해를 달리하는 집단과 세대별로 법과 도덕을 바라보는 시각의 차이는 우리 사회의 갈등과 분열을 낳은 주요 원인으로 작용하고 있다.

EU 중심의 지역통합법과 국제인권법을 전공하는 법학자로 활동하면서 마음 편한 날이 없었다. "이 문제를 어떻게 해결할 것인가?" 숙고한 끝에 이성에 지나치게 매달리는 한국의 법제도와 의식에 그 원인이 있다는 결론에 이르렀다. 그래서 법문학 연구를 하면서 작업의 모토를 세웠다.

이성 법학에서 감성 법학으로!
법적 정의에서 시적 정의로!

요컨대 우리는 법적·도덕적으로 너무 근엄하고 엄숙하기보다는 보다 유연하고 부드러워져야 한다. 이 말은 가부장적 권위주의에서 벗어나 이웃의 아픔에 공감하고 연민의 마음으로 그들을 보듬어 안고 연대하고 협력함으로써 시대의 가치에 합당한 새로운 가치 관념을 만들어내야 한다는 뜻이다. 이 말은 법제도뿐 아니라 유교에도 그대로 적용된다. 2,500년 전 공맹의 사상을 본받아 새롭게 창조하는 '법고창신法古創新'의 자세가 필요하다.

학문은 전통과 독자성을 유지하는 것이 중요하다. 하지만 만일 그 가치에만 매몰되어 인접학문의 연구 성과를 도외시하고 다학문적 만남을 기피하고 외면해서는 아니 된다. 서로 부단히 만나 교류하고 결합을 시도함으로써 새로운 시사점을 얻고 창의성을 발휘할 수 있다. 오십 대 이후 법학자로서 법학과 문학, 유학과 인권의 만남과 결합을 시도하는 이유이기도 하다.

그 결과, 작은 학문적 성과가 있었다. 법문학 분야에서는 해방 이후 한국 현대문학 7건의 필화 사건을 다룬 『법정에 선 문학』(한티재, 2016.)과 법으로 읽는 유럽고전문학 『나는 태양 때문에 그를 죽였다』(학이사, 2022.) 두 권의 교양서를 펴냈다. 그리고 인권과 유학의 결합은 춘추전국시대 유학을 대표하는 4대 학파인 유가·묵가·도가·법가(유묵도법)의 주요 사상을 인권의 시각에서 체계화하고 분석한 『선진유학과 인권先秦儒學과 人權』(경북대학교 출판부, 2024.)이란 제목의 단행본으로 출간했다.

암 투병을 하는 환자가 되고 보니 생활뿐만 아니라 사고에도 많은 변화가 있었다. 평생 처음 "정년을 맞을 수 있을까?"란 회의에 빠지기도 했다. 이제껏 해왔듯 정열적으로 시詩를 쓰고 학문 활동을 할 수 있을지 자신이 없었다. 지금으로서는 아무것도 확실하게 말할 수 없다. 혹자는 말한다. "채 선생같이 절제된 삶을 살고 공기 좋은 곳에 사는데도 암에 걸리나요?" 오직 모를 뿐! 하늘이 알고, 땅이 알겠는가? 그 누가 알겠는가?

괴롭고 서글픈 현실이지만 내 몸을 받아들여야 한다. 몸의 상태를 봐가면서 지금 할 수 있는 일에 최선을 다하는 삶을 살 수밖에 없다. 세상에 죄짓는 일이 아니라면 이래저래 눈치나 보면서 '다음에, 내일로' 해야 할 일을 미루지 않기로 한다. 그렇게 살기에는 짧은 이 삶이 너무 서럽고 억울하지 않은가.

어느 법학자·시인의 인생 50년을 자성록으로 묶어낸 이 글을 읽으면서 한 줄 한 쪽의 글에 공감해 주는 단 한 명의 독자만 있어도 좋다. 그것만으로도 감사할 일이다. 나와 인연을 맺은 모든 분의 삶이 나날이 새롭고 행복하기를 간절한 마음으로 기도한다.